La evolución de la vida

La evolución de la vida
Jean-Baptiste de Panafieu & Adrienne Barman

Título original: *L'évolution de la vie*

garbuixbooks.com
Primera edición: febrero de 2024

Impresión: Edelvives

PEFC Certificado

Este producto
procede de bosques
gestionados de forma
sostenible y fuentes
controladas

www.pefc.es

Traducción: © 2024 Montserrat Terrones
Maquetación y rotulado: Fernando Fuentes
Corrección: Joan Abril

DEPÓSITO LEGAL: B 21496-2023
ISBN: 978-84-19393-16-6

Jean-Baptiste de Panafieu
Adrienne Barman

GARBUIX
BOOKS

¡HOLA! SOY PALEONTÓLOGA, UNA ESPECIALISTA EN LOS FÓSILES. OS VOY A HABLAR DE MI PASIÓN: LOS ANIMALES Y LAS PLANTAS QUE HAN POBLADO EL MUNDO DESDE EL NACIMIENTO DE LA TIERRA.
A mí lo que me gusta es contar historias, y la de la Tierra es una de mis favoritas. ¡Me encanta imaginarme bicharracos estrambóticos!
OJO, LA CIENCIA ES ALGO SERIO. ¡NO DEBEMOS INVENTAR LOS ANIMALES!
¿Ni un pequeño dragón?
Estos dos nunca se ponen de acuerdo.
Hablar, habla bien, pero cuando dice tonterías, me hace reír.
¡VENGA, SI TODOS ESTAMOS LISTOS, EMPRENDEMOS UN LARGO Y BONITO VIAJE!

EL NACIMIENTO DE LA TIERRA

-4,6 mil millones de años

EL PRECÁMBRICO
-4600 a -540 millones de años

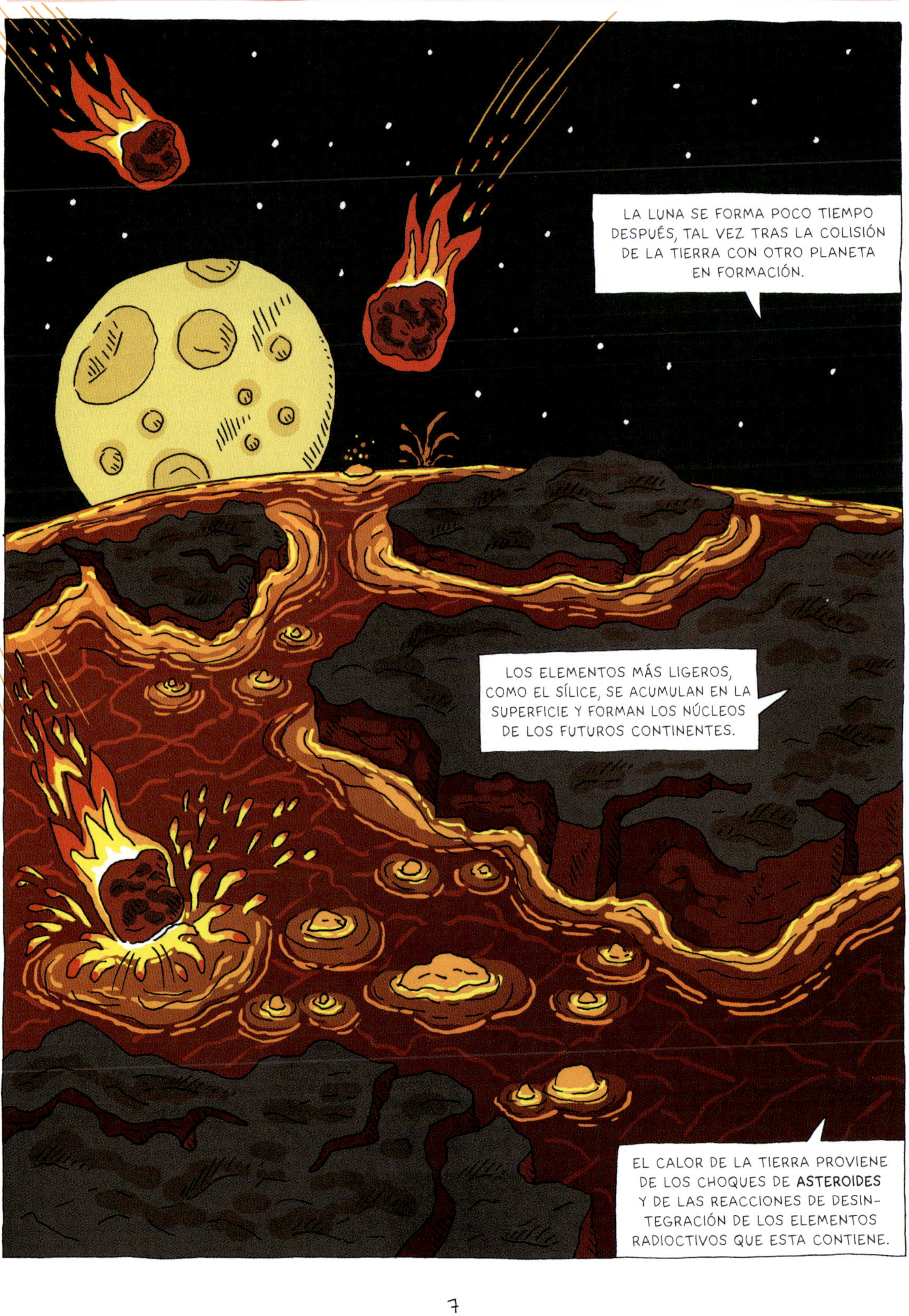

LA CUNA DE LA VIDA

Hádico: –4,5 mil millones de años

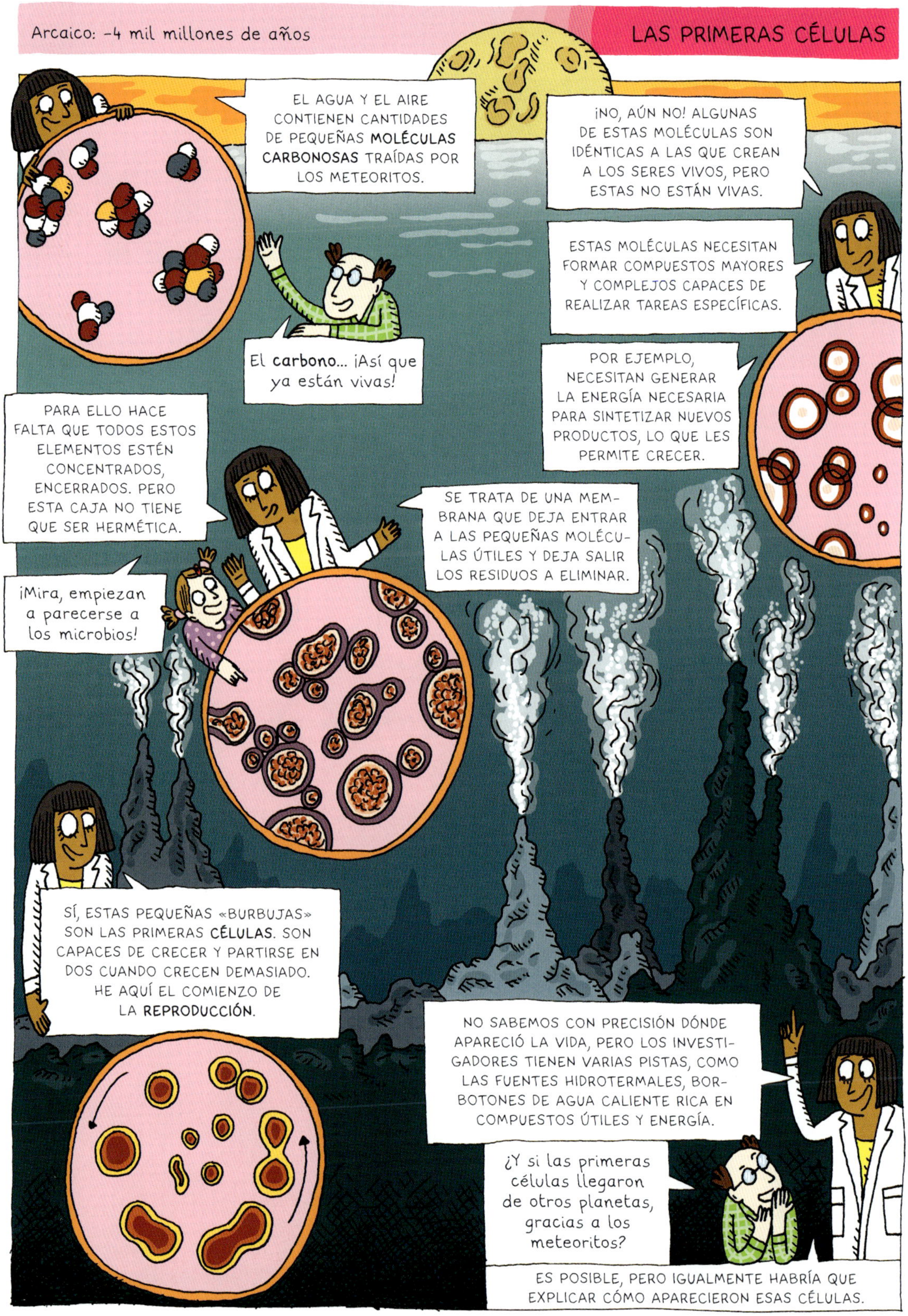
Arcaico: -4 mil millones de años
LAS PRIMERAS CÉLULAS
EL AGUA Y EL AIRE CONTIENEN CANTIDADES DE PEQUEÑAS **MOLÉCULAS CARBONOSAS** TRAÍDAS POR LOS METEORITOS.
¡NO, AÚN NO! ALGUNAS DE ESTAS MOLÉCULAS SON IDÉNTICAS A LAS QUE CREAN A LOS SERES VIVOS, PERO ESTAS NO ESTÁN VIVAS.
ESTAS MOLÉCULAS NECESITAN FORMAR COMPUESTOS MAYORES Y COMPLEJOS CAPACES DE REALIZAR TAREAS ESPECÍFICAS.
El **carbono**... ¡Así que ya están vivas!
POR EJEMPLO, NECESITAN GENERAR LA ENERGÍA NECESARIA PARA SINTETIZAR NUEVOS PRODUCTOS, LO QUE LES PERMITE CRECER.
PARA ELLO HACE FALTA QUE TODOS ESTOS ELEMENTOS ESTÉN CONCENTRADOS, ENCERRADOS. PERO ESTA CAJA NO TIENE QUE SER HERMÉTICA.
SE TRATA DE UNA MEMBRANA QUE DEJA ENTRAR A LAS PEQUEÑAS MOLÉCULAS ÚTILES Y DEJA SALIR LOS RESIDUOS A ELIMINAR.
¡Mira, empiezan a parecerse a los microbios!
SÍ, ESTAS PEQUEÑAS «BURBUJAS» SON LAS PRIMERAS **CÉLULAS**. SON CAPACES DE CRECER Y PARTIRSE EN DOS CUANDO CRECEN DEMASIADO. HE AQUÍ EL COMIENZO DE LA **REPRODUCCIÓN**.
NO SABEMOS CON PRECISIÓN DÓNDE APARECIÓ LA VIDA, PERO LOS INVESTIGADORES TIENEN VARIAS PISTAS, COMO LAS FUENTES HIDROTERMALES, BORBOTONES DE AGUA CALIENTE RICA EN COMPUESTOS ÚTILES Y ENERGÍA.
¿Y si las primeras células llegaron de otros planetas, gracias a los meteoritos?
ES POSIBLE, PERO IGUALMENTE HABRÍA QUE EXPLICAR CÓMO APARECIERON ESAS CÉLULAS.

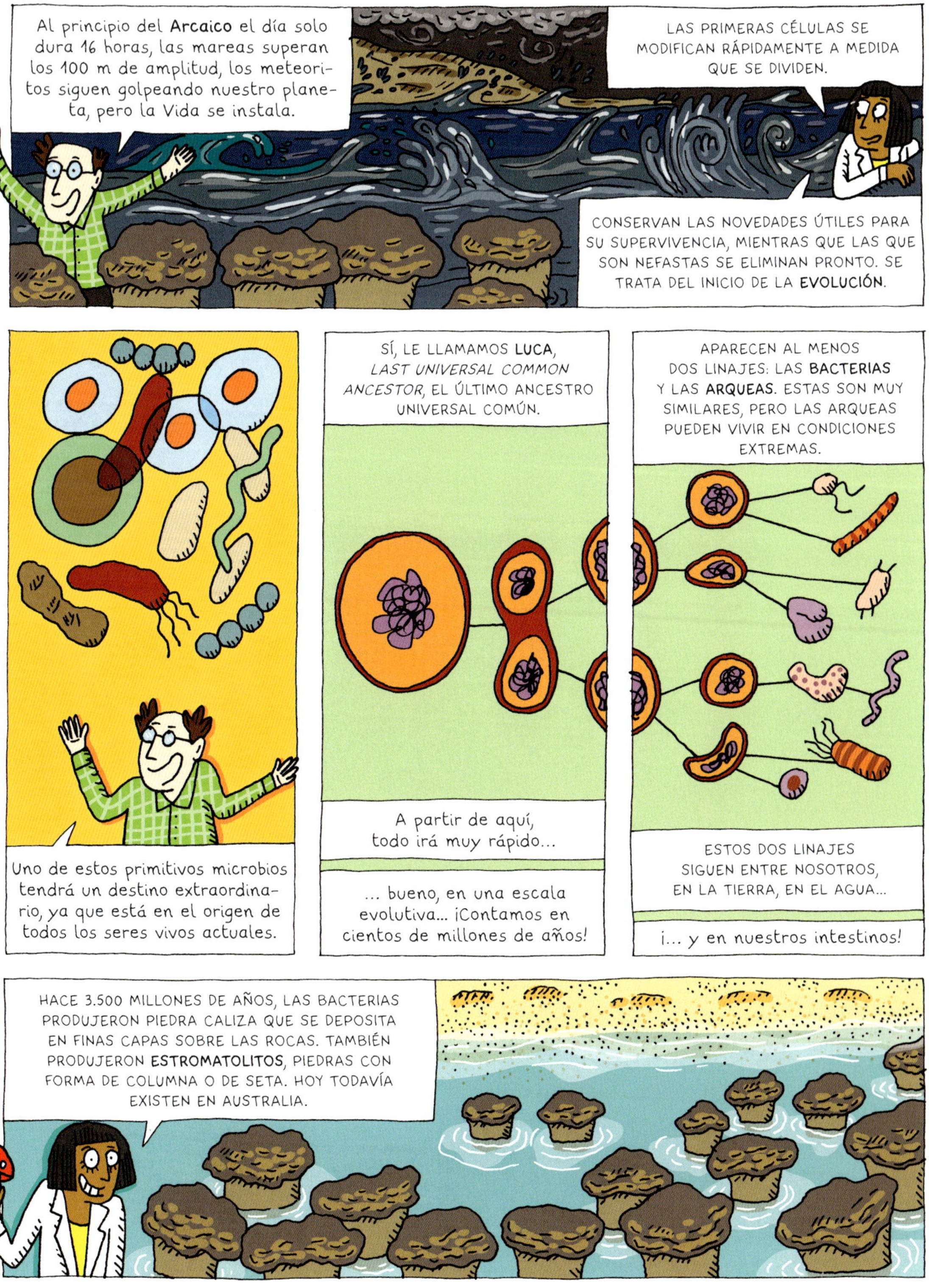
Al principio del **Arcaico** el día solo dura 16 horas, las mareas superan los 100 m de amplitud, los meteoritos siguen golpeando nuestro planeta, pero la Vida se instala.
LAS PRIMERAS CÉLULAS SE MODIFICAN RÁPIDAMENTE A MEDIDA QUE SE DIVIDEN.
CONSERVAN LAS NOVEDADES ÚTILES PARA SU SUPERVIVENCIA, MIENTRAS QUE LAS QUE SON NEFASTAS SE ELIMINAN PRONTO. SE TRATA DEL INICIO DE LA **EVOLUCIÓN**.
Uno de estos primitivos microbios tendrá un destino extraordinario, ya que está en el origen de todos los seres vivos actuales.
SÍ, LE LLAMAMOS **LUCA**, *LAST UNIVERSAL COMMON ANCESTOR*, EL ÚLTIMO ANCESTRO UNIVERSAL COMÚN.
A partir de aquí, todo irá muy rápido...
... bueno, en una escala evolutiva... ¡Contamos en cientos de millones de años!
APARECEN AL MENOS DOS LINAJES: LAS **BACTERIAS** Y LAS **ARQUEAS**. ESTAS SON MUY SIMILARES, PERO LAS ARQUEAS PUEDEN VIVIR EN CONDICIONES EXTREMAS.
ESTOS DOS LINAJES SIGUEN ENTRE NOSOTROS, EN LA TIERRA, EN EL AGUA...
¡... y en nuestros intestinos!
HACE 3.500 MILLONES DE AÑOS, LAS BACTERIAS PRODUJERON PIEDRA CALIZA QUE SE DEPOSITA EN FINAS CAPAS SOBRE LAS ROCAS. TAMBIÉN PRODUJERON **ESTROMATOLITOS**, PIEDRAS CON FORMA DE COLUMNA O DE SETA. HOY TODAVÍA EXISTEN EN AUSTRALIA.

LA ATMÓSFERA CASI NO CONTIENE OXÍGENO. LOS **MICROORGANISMOS** OBTIENEN LA ENERGÍA NECESARIA POR OTROS MEDIOS.
ALGUNOS DE ELLOS UTILIZAN LA ENERGÍA SOLAR. LIBERAN UN PRODUCTO AL QUE CONSIDERAN UN RESIDUO TÓXICO: **¡OXÍGENO!**
A LA ACUMULACIÓN DE ESTE GAS EN LA ATMÓSFERA LE SIGUE UN ENFRIAMIENTO QUE AFECTA A CASI TODO EL PLANETA. ESTO ES LA «TIERRA BOLA DE NIEVE».
ENTONCES LA EDAD DE HIELO LLEGÓ A SU FIN Y LA ATMÓSFERA SE CALENTÓ.
¡Afortunadamente!
OTRA NOVEDAD ES QUE ALGUNAS BACTERIAS APRENDEN A UTILIZAR EL OXÍGENO, LO QUE LES DA MÁS ENERGÍA Y LES PERMITE FORMAR ORGANISMOS MÁS GRANDES.
NO SABEMOS SI SON COLONIAS DE BACTERIAS O AUTÉNTICOS ANIMALES.
Gabonionta
¿Animales?
ADN
SÍ, SUCEDIÓ OTRO ACONTECIMIENTO MUY IMPORTANTE. DE ENTRE TODOS LOS MICROORGANISMOS, ALGUNOS SE ESPECIALIZAN Y SE COMEN A LOS DEMÁS. ADEMÁS, SUCEDE QUE EL QUE HA SIDO TRAGADO NO ES DIGERIDO Y SE INSTALA EN EL INTERIOR DEL QUE LO COME.
ESTAS ASOCIACIONES FORMAN UN TERCER LINAJE, LOS **EUCARIOTAS**, QUE SON EL ORIGEN DE TODOS LOS ANIMALES Y LAS PLANTAS ACTUALES.

LA FAUNA PRIMIGENIA

Proterozoico: -850 Ma (millones de años)

La era **paleozoica** (o era primaria) es la época de la «vida antigua».
Estromatolitos
Anomalocaris
Vauxia
LA VIDA APARECIÓ MUCHO ANTES, PERO EN EL CÁMBRICO, EN EL PRIMER PERIODO DEL PALEOZOICO, SE VOLVIÓ ABUNDANTE.
Eldonia
Pikaia
Opabinia
APARECEN NUMEROSAS ESPECIES, CADA VEZ MÁS DIVERSAS. LA BIODIVERSIDAD DA UN SALTO ADELANTE EXTRAORDINARIO HASTA TAL PUNTO QUE A ESTE PERIODO SE LO CONOCE COMO LA «**EXPLOSIÓN DEL CÁMBRICO**».
Hiolito
Olenoides
Aysheaia
Canadaspis
Wiwaxia
¿A qué se debe esta explosión?
Hallucigenia
Ottoia
PUEDE QUE SEA EL RESULTADO DE LA ACUMULACIÓN DE OXÍGENO EN AIRE Y AGUA. LOS ANIMALES MÓVILES REQUIEREN MÁS ENERGÍA. TAMBIÉN PUEDE DEBERSE A LA RÁPIDA EVOLUCIÓN DE CIERTOS ÓRGANOS, COMO LOS OJOS O LOS CAPARAZONES PROTECTORES.

A principios del periodo **Cámbrico** aparecieron los primeros depredadores. Para los herbívoros y los comedores de plancton, la vida nunca volverá a ser igual.
EL **ANOMALOCARIS** ALCANZA HASTA 1 M DE LONGITUD. ¡ES EL MAYOR DEPREDADOR DE SU ÉPOCA! LOCALIZA A SUS PRESAS CON SUS OJOS FACETADOS Y LAS AGARRA ENTRE SUS DOS BRAZOS ARTICULADOS CON PINCHOS.
SU BOCA CIRCULAR ESTÁ RODEADA DE PLACAS ESPINOSAS.
PERO LAS PRESAS TAMBIÉN EVOLUCIONAN. SON CADA VEZ MÁS MÓVILES Y ESTÁN MEJOR PROTEGIDAS.
WIWAXIA RASPA EL TAPETE DE BACTERIAS QUE CUBRE EL FONDO DEL MAR. SU CUERPO ESTÁ CUBIERTO DE PLACAS Y ESPINAS DURAS.
HALLUCIGENIA SE DESPLAZA SOBRE SUS TENTÁCULOS CON GARRAS. ALZA DOS FILAS DE ESPINAS.
OPABINIA TIENE 5 OJOS PEDUNCULADOS Y UNA PROBÓSCIDE ARMADA CON 2 MANDÍBULAS.
¡Parece un extraterrestre!
MUCHOS DE ESTOS ANIMALES NO TIENEN NINGÚN EQUIVALENTE CONOCIDO. SE EXTINGUIERON SIN DESCENDIENTES.
PERO OTROS PARECEN SER ANTEPASADOS DE LAS ESPECIES ACTUALES, COMO EL **HAIKOUICHTHYS**, QUE PARECE UN PEZ PEQUEÑO.
PODRÍA ESTAR EN EL ORIGEN DE TODOS LOS VERTEBRADOS.

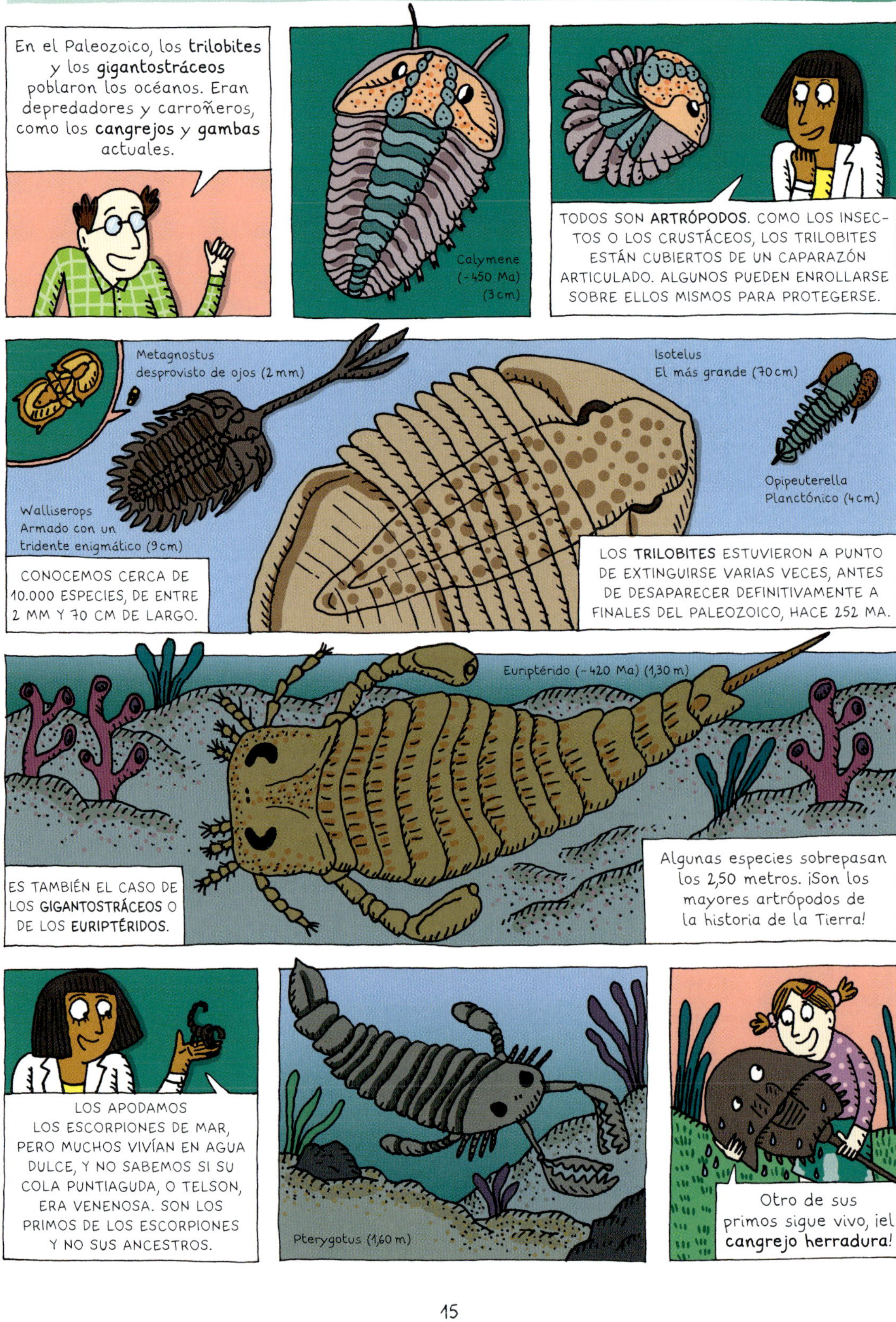
En el Paleozoico, los **trilobites** y los **gigantostráceos** poblaron los océanos. Eran depredadores y carroñeros, como los **cangrejos** y **gambas** actuales.
Calymene (-450 Ma) (3 cm)
TODOS SON **ARTRÓPODOS**. COMO LOS INSECTOS O LOS CRUSTÁCEOS, LOS TRILOBITES ESTÁN CUBIERTOS DE UN CAPARAZÓN ARTICULADO. ALGUNOS PUEDEN ENROLLARSE SOBRE ELLOS MISMOS PARA PROTEGERSE.
Metagnostus desprovisto de ojos (2 mm)
Isotelus El más grande (70 cm)
Opipeuterella Planctónico (4 cm)
Walliserops Armado con un tridente enigmático (9 cm)
CONOCEMOS CERCA DE 10.000 ESPECIES, DE ENTRE 2 MM Y 70 CM DE LARGO.
LOS **TRILOBITES** ESTUVIERON A PUNTO DE EXTINGUIRSE VARIAS VECES, ANTES DE DESAPARECER DEFINITIVAMENTE A FINALES DEL PALEOZOICO, HACE 252 MA.
Euriptérido (-420 Ma) (1,30 m)
ES TAMBIÉN EL CASO DE LOS **GIGANTOSTRÁCEOS** O DE LOS **EURIPTÉRIDOS**.
Algunas especies sobrepasan los 2,50 metros. ¡Son los mayores artrópodos de la historia de la Tierra!
LOS APODAMOS LOS ESCORPIONES DE MAR, PERO MUCHOS VIVÍAN EN AGUA DULCE, Y NO SABEMOS SI SU COLA PUNTIAGUDA, O TELSON, ERA VENENOSA. SON LOS PRIMOS DE LOS ESCORPIONES Y NO SUS ANCESTROS.
Pterygotus (1,60 m)
Otro de sus primos sigue vivo, ¡el **cangrejo herradura**!

Los océanos del Paleozoico están repletos de vida, pero los continentes aún siguen desiertos.
¡NO DEL TODO! TIENES QUE ACERCARTE UN POCO MÁS PORQUE SUS HABITANTES SON MINÚSCULOS.
LAS PLANTAS TERRESTRES MÁS ANTIGUAS SON PEQUEÑOS TALLOS RAMIFICADOS SIN HOJAS.
GRACIAS A SU CLOROFILA VERDE, PUEDEN LLEVAR A CABO LA **FOTOSÍNTESIS**, PARA ALIMENTARSE UTILIZANDO LA ENERGÍA SOLAR.
LOS PEQUEÑOS SACOS ESTÁN LLENOS DE LAS ESPORAS QUE LES PERMITEN REPRODUCIRSE.
ESTA CAPA DE PLANTAS ES DEL INTERÉS DE LOS ANIMALES ACUÁTICOS. EL CAPARAZÓN QUE LES PROTEGÍA DE LOS DEPREDADORES AHORA LES IMPIDE QUE SE SEQUEN Y LOS SOSTIENE AHORA QUE YA NO SON TRANSPORTADOS POR EL AGUA.
AL PRINCIPIO, SON MUY PEQUEÑOS, **ÁCAROS** O **COLÉMBOLOS** QUE SE ALIMENTAN DE RESTOS VEGETALES. LUEGO ATRAEN A LOS DEPREDADORES, ESCORPIONES Y ARAÑAS.
ALGUNOS DE SUS DESCENDIENTES SERÁN MUCHO MÁS GRANDES.
¡Pronto llegará el tiempo de los **insectos gigantes** y de **helechos arborescentes**!

LOS PEQUEÑOS VERTEBRADOS DEL CÁMBRICO, COMO EL **HAIKOUICHTHYS**, EVOLUCIONARON. HACE 470 MILLONES DE AÑOS APARECIERON LAS ESPECIES MÁS GRANDES.
SE PARECEN UN POCO A LOS PECES PERO SUS CUERPOS ESTÁN PROTEGIDOS POR UNA ARMADURA PESADA.
SOLO SU COLA ES MÓVIL. ADEMÁS, ¡NO TIENEN MANDÍBULAS!
¿No pueden comer?
¡SÍ, POR SUPUESTO! CON LA BOCA, SUCCIONAN LOS PEQUEÑOS ANIMALES QUE VIVEN EN EL FONDO.
HACE 400 MILLONES DE AÑOS, LAS MANDÍBULAS APARECEN A PARTIR DE LOS PEQUEÑOS HUESOS QUE SOSTIENEN LAS BRANQUIAS.
LOS PRIMEROS PECES CON MANDÍBULAS FUERON LOS PLACODERMOS, COMO EL **DUNKLEOSTEUS**, QUE SOBREPASA LOS 8 METROS DE LARGO.
Cheirolepis
Osteolepis
Cladoselache
PRONTO SON SUSTITUIDOS POR VARIOS GRUPOS DE PECES MÁS MÓVILES:
PECES CARTILAGINOSOS (O CONDRICTIOS), ANTEPASADOS DE LOS TIBURONES...
... **PECES ÓSEOS** (O ACTINOPTERIGIOS), ANCESTROS DE OTROS PECES ACTUALES...
Y **PECES DE ALETAS CARNOSAS** (O SARCOPTERIGIOS), ANTEPASADOS DE LOS VERTEBRADOS TERRESTRES.
¡Son nuestros antepasados!

LA MARCHA DE LOS PECES
Devónico: -380 Ma
Hace 380 millones de años, las marismas de las vastas llanuras costeras eran el hogar de un feroz pez depredador, el **Eusthenopteron**.
Le gusta cazar y comer peces más pequeños, los **acantodios**.
EL **EUSTHENOPTERON** NO ES UN PEZ COMO LOS DEMÁS. EN REALIDAD, NO ES UN PEZ.
TIENE UNOS PULMONES RUDIMENTARIOS, LO QUE LE PERMITE RESPIRAR AIRE EN LA SUPERFICIE CUANDO EL AGUA ESTÁ DEMASIADO TURBIA.
SUS ALETAS ESTÁN SUJETAS POR HUESOS Y MÚSCULOS, COMO AUTÉNTICOS MIEMBROS.
LAS UTILIZA PARA REMAR POR AGUAS POCO PROFUNDAS APOYÁNDOSE EN EL FONDO.
Sus aletas se parecen a las del **celacanto** que vive en el Océano Índico.
UNOS CUANTOS MILLONES DE AÑOS MÁS TARDE, UNA ESPECIE RELACIONADA, **TIKTAALIK**, TIENE ALETAS ARTICULADAS CON UN CODO. ¡PUEDE SUBIR POR SÍ MISMO A LA ORILLA!
¡Ah sí, los peces querían salir a pasear al aire libre y les crecieron patas!
¡EN ABSOLUTO! LOS ANIMALES NO CAMBIAN A VOLUNTAD SEGÚN SUS NECESIDADES, PERO PUEDEN CAMBIAR SU MODO DE VIDA SI DISPONEN DE LOS ÓRGANOS NECESARIOS.

DURANTE ESTE PERIODO, EL DEVÓNICO, NUMEROSAS ESPECIES SE SUCEDEN, COMO EL **ACANTHOSTEGA**, QUE TIENE EXTREMIDADES REALES, ¡CON MANOS Y PIES!
GRACIAS A SUS PATAS Y PULMONES, PUEDE ENCONTRAR NUEVAS FUENTES DE ALIMENTO EN TIERRA FIRME.
¡Mmmh, los deliciosos milpiés!
LAS MANOS Y PIES DEL ACANTHOSTEGA TIENEN 8 DEDOS. PERO OTRAS ESPECIES TIENEN 5.
Como yo.
En rojo, el fémur; en azul, la tibia y el peroné.
ES UNO DE LOS ANFIBIOS DE 5 DEDOS QUE ES EL ANTEPASADO COMÚN DE TODOS LOS REPTILES, AVES Y MAMÍFEROS, Y POR SUPUESTO DE LOS SERES HUMANOS.
Pero también hay especies equipadas de patas-aletas.
Eusthenopteron
Tiktaalik
Acanthostega

En los últimos 100 millones de años las plantas han evolucionado. En el **Carbonífero**, inmensos bosques cubrían las llanuras.
Lepidodendros de 30 m de altura y **helechos arborescentes** sobresalen de un sotobosque de colas de caballo y sigillarias.
Es un mundo verde y marrón, sin el menor rastro de rojo o amarillo, ya que las **flores** aún no han aparecido.
LOS INSECTOS SON AHORA NUMEROSOS... ¡Y A MENUDO GIGANTES!
LAS **CUCARACHAS** SE ALIMENTAN DE RESTOS Y LAS **LIBÉLULAS** SON CARNÍVORAS.
EN CUANTO AL MILPIÉS **ARTROPLEURA**, PUEDE QUE SEA VEGETARIANO.
SU TAMAÑO GIGANTESCO PODRÍA ESTAR RELACIONADO CON LA COMPOSICIÓN DE LA ATMÓSFERA, RICA EN OXÍGENO.
CUANDO LAS PLANTAS MUEREN QUEDAN ENTERRADAS EN EL FANGO DE LAS MARISMAS Y OTRAS SE ACUMULARÁN ALLÍ. EN EL FONDO, SE IRÁN TRANSFORMANDO LENTAMENTE EN CARBÓN.
El Carbonífero es la edad del carbón...
... ¡y también la edad de las cucarachas!

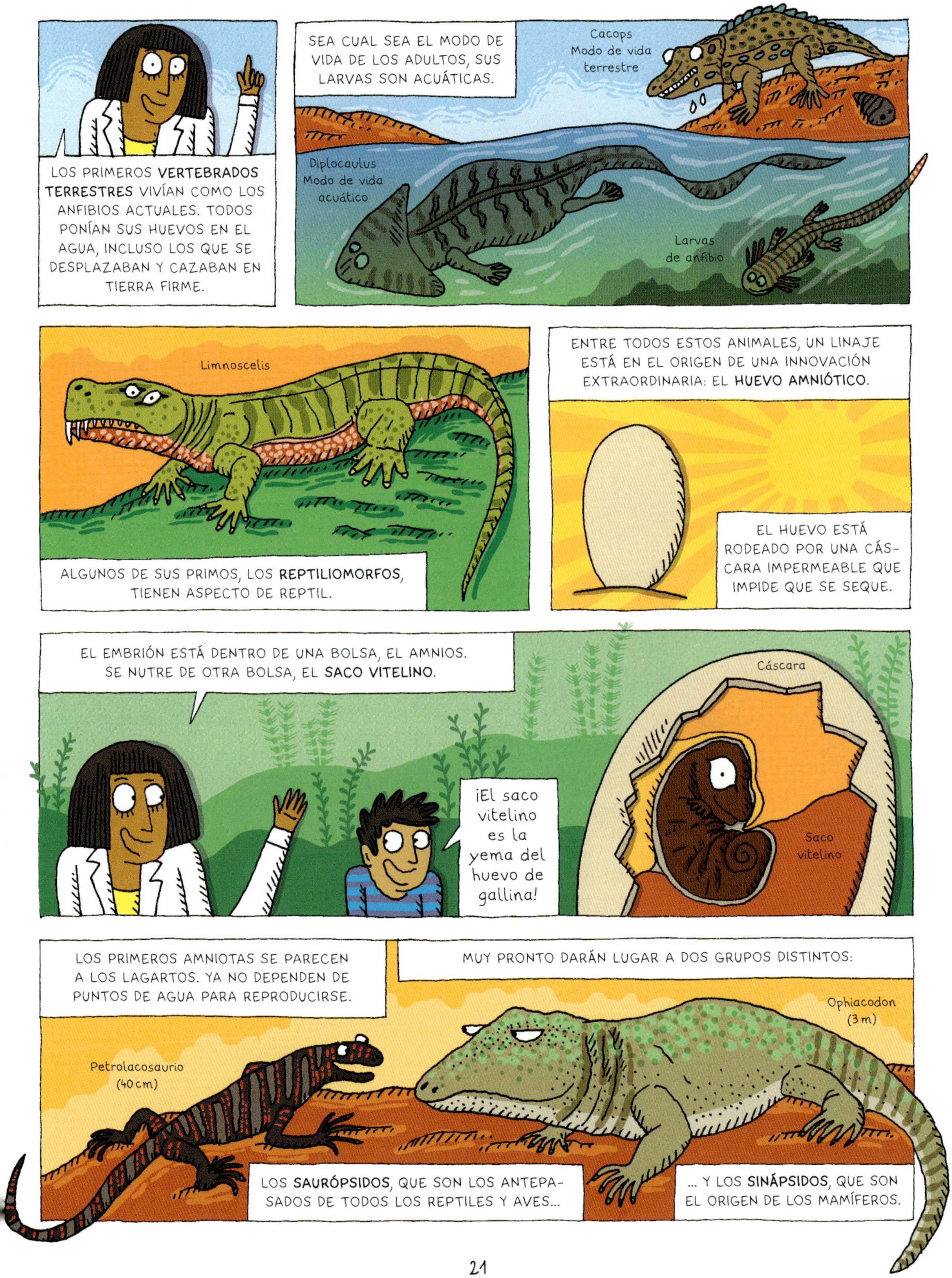
LOS PRIMEROS VERTEBRADOS TERRESTRES VIVÍAN COMO LOS ANFIBIOS ACTUALES. TODOS PONÍAN SUS HUEVOS EN EL AGUA, INCLUSO LOS QUE SE DESPLAZABAN Y CAZABAN EN TIERRA FIRME.
SEA CUAL SEA EL MODO DE VIDA DE LOS ADULTOS, SUS LARVAS SON ACUÁTICAS.
Cacops
Modo de vida terrestre
Diplocaulus
Modo de vida acuático
Larvas de anfibio
Limnoscelis
ALGUNOS DE SUS PRIMOS, LOS REPTILIOMORFOS, TIENEN ASPECTO DE REPTIL.
ENTRE TODOS ESTOS ANIMALES, UN LINAJE ESTÁ EN EL ORIGEN DE UNA INNOVACIÓN EXTRAORDINARIA: EL HUEVO AMNIÓTICO.
EL HUEVO ESTÁ RODEADO POR UNA CÁSCARA IMPERMEABLE QUE IMPIDE QUE SE SEQUE.
EL EMBRIÓN ESTÁ DENTRO DE UNA BOLSA, EL AMNIOS. SE NUTRE DE OTRA BOLSA, EL SACO VITELINO.
¡El saco vitelino es la yema del huevo de gallina!
Cáscara
Saco vitelino
LOS PRIMEROS AMNIOTAS SE PARECEN A LOS LAGARTOS. YA NO DEPENDEN DE PUNTOS DE AGUA PARA REPRODUCIRSE.
MUY PRONTO DARÁN LUGAR A DOS GRUPOS DISTINTOS:
Ophiacodon
(3 m)
Petrolacosaurio
(40 cm)
LOS SAURÓPSIDOS, QUE SON LOS ANTEPASADOS DE TODOS LOS REPTILES Y AVES...
... Y LOS SINÁPSIDOS, QUE SON EL ORIGEN DE LOS MAMÍFEROS.

A finales del Paleozoico, el planeta vio aparecer gigantes con pesadas armaduras.
GRUPOS ANTIGUOS, COMO EL DE LOS **REPTILIOMORFOS**, TODAVÍA SIGUEN REPRESENTADOS.
Diadectes (3 m)
HE AQUÍ UNO DE LOS PRIMEROS GRANDES ANIMALES TERRESTRES. SE ALIMENTA DE PLANTAS.
ENTRE LOS SAURÓPSIDOS, ALGUNAS ESPECIES LLEGAN A SER ENORMES.
Scutosaurus (3 m de largo) (1 tonelada)
¡Parece un dinosaurio!
NO, ES UN **PAREIOSAURIO**. CON LAS PATAS SEPARADAS DEL CUERPO, NO SE PARECE EN NADA A LOS DINOSAURIOS, QUE NO APARECERÁN ANTES DE 60 MILLONES DE AÑOS.
LOS PAREIOSAURIOS VIVÍAN EN MANADAS. HERBÍVOROS, ESTÁN PROTEGIDOS POR UN CAPARAZÓN DE PÚAS ÓSEAS.
¿Todos los animales se han convertido en gigantes?
NO, LOS ANIMALES PEQUEÑOS SIGUEN SIENDO MUCHO MÁS NUMEROSOS Y VARIADOS. LA FAUNA SE DIVERSIFICA EN TODAS DIRECCIONES. ALGUNOS PEQUEÑOS REPTILES SE ADAPTAN AL MEDIO ACUÁTICO, OTROS TIENEN ALAS Y ¡PUEDEN PLANEAR!
Mesosaurio (1 m) El reptil acuático más antiguo
Coelurosauravus (40 cm) El primer reptil volador

ENTRE LOS PRIMEROS SINÁPSIDOS, VARIAS ESPECIES PRESENTAN UN VELO DORSAL REFORZADO POR PROLONGACIONES DE VÉRTEBRAS.
Dimetrodon (4 m) Uno de los mayores carnívoros de su época.
ESTE TAL VEZ LES PERMITÍA REGULAR SU TEMPERATURA INTERNA ORIENTÁNDOLO HACIA EL SOL. TAMBIÉN PODÍA SERVIR PARA ATRAER A UNA PAREJA DURANTE EL PERIODO DE APAREAMIENTO.
¡Cómo la cola del **pavo real**!
A MEDIADOS DEL PÉRMICO, ESTOS REPTILES SON REEMPLAZADOS POR LOS **DINOCÉFALOS**.
Estemmenosuchus (3 m)
TIENEN EL CUERPO MACIZO DE UN HERBÍVORO PERO LOS DIENTES DE UN CARNÍVORO.
¡Y una cabeza graciosa!
OTROS DINOCÉFALOS, LOS **ANTEOSAURUS**, SON TOTALMENTE CARNÍVOROS.
Gorgonopsia (2 m)
LOS **GORGONOPSIOS** POSEEN 2 LARGOS COLMILLOS, COMO LOS DE LOS TIGRES CON DIENTES DE SABLE.
Anteosaurio (3 m)
Charassognathus (50 cm)
A FINALES DEL PÉRMICO APARECE UN NUEVO GRUPO, LOS **CINODONTES**. SUS MANDÍBULAS TIENEN VIBRISAS, DE LARGOS PELOS SENSORIALES.
Como...
... ¡LOS BIGOTES DE LOS GATOS! ESTOS «REPTILES» PROBABLEMENTE ESTABAN CUBIERTOS DE PELO.

LA GRAN EXTINCIÓN
Pérmico: -299 a -252 Ma
El paleozoico terminó en una catástrofe a escala planetaria. ¡Desapareció el 90% de la flora y fauna!
Pareiasaurus
Gorgonops
GRUPOS ENTEROS DESAPARECIERON: TRILOBITES, PECES PLACODERMOS, PAREIOSAURIOS, GORGONOPSIOS...
FUE LA MAYOR **EXTINCIÓN** DE LA HISTORIA DE LA TIERRA.
COMO LA CRISIS DURÓ VARIOS MILLONES DE AÑOS, SE CREE QUE TUVO MÚLTIPLES CAUSAS. EL NIVEL DEL MAR DESCENDIÓ 250 M, REDUCIENDO ENORMEMENTE EL HÁBITAT DE LOS ANIMALES DE LAS COSTAS.
DURANTE CIENTOS DE MILES DE AÑOS LOS VOLCANES SIBERIANOS PRODUJERON NUBES DE GASES TÓXICOS Y CENIZA QUE ALTERARON EL CLIMA.
LOS OCÉANOS SE VOLVIERON MUY POBRES EN OXÍGENO. ADEMÁS LOS MICROORGANISMOS MARINOS EMITIERON ENORMES CANTIDADES DE **METANO** TÓXICO.
A PESAR DE TODO, LOS ANIMALES SOBREVIVEN, YA SEA PORQUE SON CAPACES DE SOPORTAR ESTOS CAMBIOS, O... POR SUERTE.
¡LA ÚNICA ESPECIE DE **ERIZO DE MAR** QUE ESCAPARÁ A LA EXTINCIÓN SERÁ EL ORIGEN DE TODAS LAS ESPECIES ACTUALES!
LOS **CINODONTES** SOBREVIVEN Y MÁS TARDE DARÁN LUGAR A LOS **MAMÍFEROS**.

EL MESOZOICO
-251 Ma

¡En el Triásico, los **reptiles** dominaban el mundo!
No había mucho que dominar, ya que la mayoría de las especies se habían extinguido
UNA FAMILIA DE REPTILES COBRARÁ CADA VEZ MÁS IMPORTANCIA, LOS **ARCOSAURIOS**.
EL PROTEROSUCHUS SE PARECE A UN COCODRILO. CON SUS EXTREMIDADES PROYECTÁNDOSE HACIA LOS LADOS, ESTE CARNÍVORO NO ES MUY RÁPIDO.
Proterosuchus (2 m)
NO TODOS SON CARNÍVOROS. EL **DESMATOSUCHUS** TAMBIÉN SE PARECE A UN COCODRILO, PERO SE ALIMENTA DE PLANTAS ACUÁTICAS.
¡Está bien protegido!
LO CAZAN LOS MAYORES ARCOSAURIOS, COMO EL **FASOLASUCHUS**, QUE PESA VARIAS TONELADAS. ES UN BUEN CORREDOR DE PIERNAS LARGAS.
Desmatosuchus (5 m)
EL FINAL DEL TRIÁSICO ES UN NUEVO PERIODO DE EXTINCIÓN. LA MAYORÍA DE LOS ARCOSAURIOS DESAPARECEN...
Fasolasuchus (8 m)
... ¡PERO NO TODOS! TRES LINAJES SOBREVIVEN: **COCODRILOS**, **PTEROSAURIOS** Y **DINOSAURIOS**.

ALGUNOS ARCOSAURIOS SON MÁS PEQUEÑOS Y CADA VEZ MÁS BÍPEDOS.
EL MARASUCHUS SE ALIMENTA DE INSECTOS Y ANIMALES PEQUEÑOS. SUS MANOS QUIZÁ LE PERMITEN ATRAPAR A SUS PRESAS.
Marasuchus (50 cm)
LOS PRIMEROS DINOSAURIOS, COMO EL EORAPTOR, TENÍAN LAS PATAS MÁS ERGUIDAS, CASI COMO LOS MAMÍFEROS. PUEDEN CORRER MÁS RÁPIDO, GASTANDO MENOS ENERGÍA.
¡Como un perro comparado con un cocodrilo!
TAL VEZ FUE ESTA POSTURA LA QUE LES DIO UNA VENTAJA SOBRE OTROS ARCOSAURIOS.
LOS PRIMEROS GRANDES DINOSAURIOS, COMO EL PLATEOSAURIO, APARECIERON AL FINAL DEL PERIODO TRIÁSICO.
Postosuchus (5 m)
Plateosaurio (10 m)
ES UNO DE LOS MAYORES HERBÍVOROS TERRESTRES DEL PERIODO TRIÁSICO.
COMO SE HAN ENCONTRADO DECENAS DE FÓSILES EN POSICIÓN DE VIDA, SE CREE QUE VIVÍAN EN MANADAS.

LOS PRIMEROS MAMÍFEROS

Triásico: -252 a -201 Ma

Los **pterosaurios** hacen su aparición. En el aire resuenan sus gritos roncos y pronto reptiles voladores del tamaño de un avión oscurecerán los cielos del **Mesozoico**.
Eudimorphodon (1 m)
SÍ, PERO TENDREMOS QUE ESPERAR UN POCO MÁS. EN EL TRIÁSICO NO SUPERAN LOS 2 METROS.
Y no sabemos seguro si gritaban.
MUCHOS PTEROSAURIOS SE ALIMENTAN DE PECES.
LOS MÁS PEQUEÑOS CO-MEN INSECTOS.
Anurognathus (envergadura: 50 cm)
Pteranodon joven (envergadura: 3 a 6 m)
Pterodaustro (envergadura: 1,30 m)
LOS DIENTES LARGOS Y FINOS DEL **PTERODAUSTRO** LE PERMITEN FILTRAR EL AGUA DEL PANTANO PARA ALIMENTARSE DE PLANCTON.
Un poco como un **flamenco rosa**.
AL FINAL DEL CRETÁCICO NO QUEDARÁN MÁS QUE LOS GRANDES PTEROSAURIOS. EL **QUETZALCOATLUS** NO TIENE DE DIENTES. PUEDE QUE SEA UN CARROÑERO.
¡Oooh, este es realmente hermoso!
Quetzalcoatlus (envergadura: 10 m)
EN REALIDAD, NO CONOCEMOS LOS COLORES DE TODOS ANIMALES. ¡SON INVENTADOS!

¡En el Jurásico, monstruos marinos invaden los océanos!
HAY, EN EFECTO, REPTILES GIGANTES, PERO LA FAUNA MARINA INCLUYE TAMBIÉN MUCHOS PEQUEÑOS ANIMALES.
LOS ARRECIFES COLONIZARON LAS COSTAS. NO ESTABAN FORMADOS POR CORAL, SINO POR **RUDISTAS**, GRANDES CRUSTÁCEOS.
LOS **AMONITES** SON MUCHO MÁS DIVERSOS QUE EN EL PALEOZOICO. ALGUNAS ESPECIES VIVEN CERCA DEL FONDO MARINO, OTRAS EN ALTA MAR.
ALGUNOS MIDEN UNOS POCOS MILÍMETROS DE DIÁMETRO, MIENTRAS QUE OTROS ALCANZAN LOS 2,50 M. ESTOS MOLUSCOS SON CARNÍVOROS.
¡Parecen un **pulpo** con concha!
PRIMOS DE LOS AMONITES, LOS **BELEMNITES**, PARECEN CALAMARES.

LOS **ICTIOSAURIOS** SON REPTILES MARINOS. DEBEN SALIR A RESPIRAR A LA SUPERFICIE, COMO LOS CETÁCEOS. COMÍAN PECES Y AMONITES.
LOS **PLESIOSAURIOS** NADABAN GRACIAS A SUS PATAS TRANSFORMADAS EN ALETAS NADADORAS.
LOS **PLIOSAURIOS** SE LES PARECEN PERO SUS CABEZAS SON MUCHO MÁS GRANDES Y SUS CUELLOS MÁS CORTOS. FUERON LOS MAYORES DEPREDADORES MARINOS DEL JURÁSICO.

CONOCEMOS CASI 500 ESPECIES DE REPTILES MARINOS FÓSILES.
Shastasaurus (21 m)
Mosasaurus (18 m)
Pliosaurus (13 m)
Elasmosaurus (14 m)
¡Y cada familia tiene sus gigantes!

LOS ORNITISQUIOS
Jurásico: -201 a -135 Ma
LOS DINOSAURIOS SE DIVERSIFICAN CADA VEZ MÁS. SABEMOS DE MÁS DE 1.000 ESPECIES DIFERENTES.
MUCHOS NO DEJARON FÓSILES.
¡O todavía no los hemos encontrado!
Iguanodon (10 m)
UNO DE LOS GRUPOS MÁS DIVERSOS ES EL DE LOS **ORNITISQUIOS**.
¿Ornitorrincos?
NO, SIGNIFICA «CON PELVIS DE PÁJARO», POR LA FORMA DEL HUESO PÉLVICO.
LOS **IGUANODONTES** SON CUADRÍPEDOS PERO PUEDEN ALZARSE FÁCILMENTE SOBRE SUS PATAS TRASERAS. SUS BRAZOS SON MUCHO MÁS CORTOS QUE SUS PIERNAS.
Paquicefalosaurio (5 m)
LOS **PAQUICEFALOSAURIOS** SON BÍPEDOS. EL HUESO DE SU CRÁNEO ES EXTREMADAMENTE GRUESO. SE CREE QUE LOS MACHOS LUCHABAN A CABEZAZOS.
¡Como los **carneros**!
LOS **CERATOPSIOS** TENÍAN UNO O MÁS CUERNOS Y GOLA. SE CREE QUE SERVÍA DE SEÑAL, YA SEA PARA ASUSTAR A LOS COMPETIDORES, O PARA ATRAER PAREJAS.
Triceratops (8 m)
TODOS ESTOS DINOSAURIOS PONÍAN HUEVOS.
LOS **ANQUILOSAURIOS** SON CUADRÚPEDOS MACIZOS, CON EL CUERPO PROTEGIDO POR PLACAS ÓSEAS. A MENUDO TIENEN UNA GRAN BOLA ÓSEA AL FINAL DE LA COLA.
¡Como la armadura de los caballeros!

Jurásico: -150 Ma
LA EPOPEYA DE LOS ESTEGOSAURIOS
A PRINCIPIOS DEL PERIODO JURÁSICO, **PANGEA**, EL CONTINENTE ÚNICO, COMENZÓ A FRACTURARSE.
La corteza terrestre es arrastrada por los movimientos de las rocas ardientes y viscosas, que se encuentran a varios kilómetros de profundidad. ¡Los dinosaurios son transportados como si fueran en balsas!
BALSAS ENORMES Y MUY LENTAS QUE SE DESPLAZAN UNOS CENTÍMETROS AL AÑO DURANTE MILLONES DE AÑOS.
¿Qué pasa con los dinosaurios?
NO SE DAN CUENTA, CLARO, PERO ESTOS MOVIMIENTOS INFLUIRÁN EN SU EVOLUCIÓN.
PODEMOS SEGUIR LA HISTORIA DE LOS ESTEGOSAURIOS A PARTIR DE PEQUEÑOS BÍPEDOS HERBÍVOROS, COMO EL **SCUTELLOSAURUS**. SU PIEL TENÍA PEQUEÑAS PLACAS ÓSEAS
Scutellosaurus (1,2 m)
Scelidosaurus (4 m)
EVOLUCIONARON HACIA ANIMALES MÁS GRANDES, CUADRÚPEDOS, CON GRANDES PLACAS PROTECTORAS, COMO EL **SCELIDOSAURUS**.
DESPUÉS APARECIERON LOS **ESTEGOSAURIOS**, MUCHO MÁS GRANDES. PERO COMO LOS CONTINENTES ESTABAN SEPARADOS, EVOLUCIONARON DE FORMA DIFERENTE UNOS DE OTROS.
Los estegosaurios, hace 150 millones de años
Dacentrurus
¿Los estegosaurios son los únicos que viajaron así?
Tuojiangosaurus
Estegosaurio
Kentrosaurus
NO, TODAS LAS ESPECIES SE DIVIDIERON, ¡CADA POBLACIÓN EVOLUCIONÓ A SU MANERA!

LOS SAURÓPODOS
Jurásico-Cretácico: -165 a -66 Ma
Es en el Jurásico cuando aparecen los animales más grandes y pesados que han existido jamás sobre la faz de la Tierra. ¡Alcanzaban los 40 m de largo!
TODOS PERTENECEN AL MISMO GRUPO DE DINOSAURIOS, LOS **SAURÓPODOS**.
SON CUADRÚPEDOS, HERVÍBOROS Y TIENEN UN CUERPO MACIZO...
¡... y el cuello largo!
SÍ, EL CUELLO DEL **DIPLODOCUS** LE PERMITE ALIMENTARSE SIN TENER QUE DESPLAZARSE DEMASIADO.
SUS DIENTES CON FORMA DE PINZA LE PERMITEN ARRANCAR LAS HOJAS DE LOS ÁRBOLES.
DESPUÉS LAS APLASTA UTILIZANDO LAS PIEDRAS QUE SE HA TRAGADO.
EL **BRAQUIOSAURIO** LEVANTA LA CABEZA MUY ALTO.
SE ALZA A 12 M DE ALTURA...
¡La cuarta planta de un inmueble!
SUS BRAZOS SON MÁS LARGOS QUE LAS PIERNAS, ALGO RARO EN UN DINOSAURIO.
PESA MÁS DE 50 TONELADAS.
¡Más que 10 elefantes!
ALGUNOS SAURÓPODOS ERAN AÚN MÁS GRANDES, PERO SOLO SABEMOS DE ELLOS POR ALGUNOS HUESOS, COMO LOS FÉMURES DE MÁS DE 2 M DE LARGO.

¡Los depredadores de estos hervíboros gigantes eran también enormes!
LOS **TERÓPODOS** SON TODOS BÍPEDOS, CON PIERNAS POTENTES Y BRAZOS PEQUEÑOS.
EL **CERATOSAURIO** TIENE DOS CUERNOS CORTOS SOBRE EL HOCICO.
Ceratosaurio (6 m)
ERA CARNÍVORO Y SIN DUDA TAMBIÉN CARRO-ÑERO, COMÍA ANIMALES MUERTOS.
LOS ESPINOSAURIOS, COMO EL **BARYONYX**, TIENEN EL CUERPO MENOS MACIZO Y UN HOCICO MÁS LARGO, ADAPTADO PARA ATRAPAR PECES.
¡Como los cocodrilos!
EL **CARCHARODONTOSAURUS** ES UNO DE LOS MAYORES TERÓPODOS.
¡SUS MANDÍBULAS CUENTAN CON 80 DIENTES Y ALGUNOS PASAN DE LOS 20 CM!
Carcharontosaurus (14 m)
¿Pero por qué los dinosaurios se volvieron tan grandes?
LOS SAURÓPODOS MÁS GRANDES TENÍAN LA VENTAJA DE QUE LOS CARNÍVOROS LES TEMÍAN. PERO LOS DEPREDADORES MÁS GRANDES TAMBIÉN TENÍAN LA VENTAJA DE TENER MUCHAS PRESAS DISPONIBLES. AL FINAL, HERVÍBOROS Y CARNÍVOROS EVOLUCIONARON EN LA MISMA DIRECCIÓN.
Como en una carrera sin fin.

DINOSAURIOS CON PLUMAS

Jurásico-Cretácico: -165 a -66 Ma

Caudipteryx
Los filamentos y plumas rudimentarias de la mayoría de los dinosaurios no les permitían volar.
ESTE PLUMAJE TENÍA OTRAS FUNCIONES, COMO POR EJEMPLO CONSERVAR EL CALOR DEL CUERPO, O SERVIR DE ORNAMENTO PARA SEDUCIR A UNA PAREJA DURANTE EL CORTEJO NUPCIAL.
Tericinosaurio
MUCHOS DINOSAURIOS SE COMPORTABAN COMO PÁJAROS: PONÍAN HUEVOS EN UN NIDO Y LOS INCUBABAN HASTA SU ECLOSIÓN.
Oviraptor
SUS PLUMAS TAL VEZ LES AYUDAN A MANTENER LOS HUEVOS BIEN CALIENTES.
Que no los rompan cuando se pongan encima de ellos.
LUEGO, ALGUNOS DINOSAURIOS USARON SU PLUMAJE PARA VOLAR, SOBRE TODO EN EL LINAJE QUE SE ENCUENTRA EN EL ORIGEN DE LOS PÁJAROS.
Ichtyornis
PERO OTROS SIGUIERON ALIGERÁNDOSE, POR EJEMPLO PERDIENDO LOS DIENTES.
Hesperornis
ALGUNOS DE ESTOS PÁJAROS CON DIENTES EVOLUCIONARON PRONTO HACIA FORMAS NADADORAS, INCAPACES DE VOLAR.
¡En resumen, los pájaros actuales son dinosaurios con plumas y sin dientes!

LOS RIVALES DE LOS DINOSAURIOS
Cretácico: -145 a -66 Ma
La evolución nunca se para. Junto con los dinosaurios, aparecen nuevas especies sin cesar.
EN RÍOS Y MARISMAS LOS **COCODRILOS** COMPITEN CON LOS DINOSAURIOS DEPREDADORES.
Sarcosuchus (12 m)
Suchomimus (11 m)
EL **SARCOSAURIO** ES QUIZÁ EL MAYOR COCODRILO DE TODOS LOS TIEMPOS.
EN OTROS REPTILES PARIENTES DE LOS LAGARTOS, LAS PATAS SE VUELVEN CADA VEZ MÁS PEQUEÑAS.
EL **TETRAPODOPHIS** ES UNA SERPIENTE CON CUATRO PATAS.
Tetrapodophis (20 cm)
Hoy, las **pitones** conservan los pequeños huesos de sus piernas en el interior del cuerpo.
MUY RÁPIDO, LAS SERPIENTES EVOLUCIONAN. SE VUELVEN VENENOSAS, O MUY GRANDES O MUY PEQUEÑAS...
Sanajeh (3,5 m)
SANAJEH COMÍA DINOSAURIOS PEQUEÑOS.
EN EL MAR, LOS ICTIOSAURIOS Y LOS PLESIOSAURIOS HABÍAN DESAPARECIDO. HABÍAN SIDO SUSTITUIDOS POR OTROS REPTILES MARINOS DEPREDADORES, LOS **MOSASAURIOS**, PARIENTES DE VARIANTES TERRESTRES.
¡Los más grandes alcanzaban los 18 m de largo y sobrepasaban a los monstruos del Jurásico!

A los pies de los dinosaurios, los **mamíferos** esperan su turno.
LOS MAMÍFEROS SON NUMEROSOS EN EL CRETÁCICO, PERO NO ESPERAN NADA DE NADA
SE LIMITAN A INTENTAR ESCAPAR DE LOS DEPREDADORES.
LA MAYORÍA YA NO PONE HUEVOS, PERO CARGAN CON SUS CRÍAS HASTA EL NACIMIENTO.
Sinodelphys (15 cm)
APARECEN LOS PRIMEROS **MARSUPIALES**. COMO EN LOS CANGUROS, LAS CRÍAS SE FORMAN EN LA BOLSA MARSUPIAL DE LA MADRE.
Eomaia (10 cm)
EN LOS MAMÍFEROS PLACENTARIOS, ES LA PLACENTA LA QUE PERMITE QUE LAS CRÍAS SE ALIMENTEN ANTES DE NACER.
MUCHOS LLEVAN UNA VIDA NOCTURNA, QUE LES PERMITE PASAR DESAPERCIBIDOS.
LA MAYORÍA COMEN INSECTOS Y LOMBRICES.
OTROS SON HERVÍBOROS, COMO LOS **MULTITUBERCULADOS**.
Sinobataar (15 cm)
ESTA FAMILIA DESAPARECIÓ SIN DESCENDENCIA HACIA -35 MILLONES DE AÑOS.
NO TODOS LOS MAMÍFEROS SON MINÚSCULOS. EL **REPENOMAMUS** TIENE EL MISMO TAMAÑO QUE UN TEJÓN GRANDE.
Repenomamus (1 m)
En su esqueleto fósil se encontraron los huesos de un pequeño dinosaurio que se había comido.

FLORES PARA LOS DINOSAURIOS
Cretácico: -125 a -66 Ma
En el **Cretácico** los bosques se cubren de flores. ¡Por fin rosas perfumadas y bonitas margaritas!
NO FUE EN UN ABRIR Y CERRAR DE OJOS Y LAS PRIMERAS FLORES ERAN MUY SIMPLES.
LOS PAISAJES DEL JURÁSICO SON UNIFORMEMENTE VERDES, DOMINADOS POR HELECHOS Y CONÍFERAS.
ALGUNOS INSECTOS SE ALIMENTAN DE POLEN. LOS VEGETALES SE APROVECHAN, YA QUE ESTOS INSECTOS LO TRANSPORTAN DE PLANTA EN PLANTA Y LES AYUDAN ASÍ A REPRODUCIRSE.
LAS PLANTAS EMPIEZAN A PRODUCIR EL NÉCTAR QUE ATRAE A LOS INSECTOS. FORMAN TAMBIÉN LAS FLORES QUE LES SEÑALAN SU EMPLAZAMIENTO.
POR SU PARTE, LOS INSECTOS SE ESPECIALIZAN EN EL TRANSPORTE DE POLEN.
¡Los insectos se sienten atraídos por los colores y el perfume de las flores!
Las plantas con flores y los insectos se transforman en paralelo.
SÍ, SE NECESITAN UNOS A OTROS Y EVOLUCIONAN JUNTOS. ES LO QUE LLAMAMOS «**COEVOLUCIÓN**».
LOS BOSQUES SE PARECEN CADA VEZ MÁS A LOS ACTUALES.
¡Encima con dinosaurios!

Al final del Cretácico tiene lugar una catástrofe planetaria: los dinosaurios desaparecen. ¿Estaban inadaptados a su mundo?
¿Comieron setas venenosas?
¿Los mamíferos devoraron sus huevos?
¡NADA DE ESTO! VIVIERON 170 MILLONES DE AÑOS Y ESTABAN PERFECTAMENTE ADAPTADOS.
PARA COMPRENDER LO QUE PASÓ, HAY QUE TENER EN CUENTA A OTROS ANIMALES QUE TAMBIÉN SE EXTINGUIERON...
¡... y también a los que sobrevivieron!
SABEMOS QUE HACE 66 MILLONES DE AÑOS, DOS ACONTECIMIENTOS PUDIERON PROVOCAR LA EXTINCIÓN DE MILES DE ESPECIES.
UN METEORITO DE 10 KM DE DIÁMETRO CHOCÓ CON NUESTRO PLANETA...
... E INMENSOS VOLCANES EXPULSARON NUBES DE CENIZA Y DE GASES TÓXICOS DURANTE MILES DE AÑOS.
ESTA ERUPCIÓN TITÁNICA PUDO HABER SIDO PROVOCADA POR EL IMPACTO DEL METEORITO.

LAS CENIZAS PROVENIENTES DE LA EXPLOSIÓN DEL METEORITO Y DE LOS VOLCANES OSCURECIERON LA ATMOSFERA Y ALTERARON EL CLIMA MUNDIAL.
LO QUE PROVOCÓ LA MUERTE DE UNA GRAN PARTE DE LA VEGETACIÓN.
LOS GRANDES HERVÍBOROS SE MURIERON DE HAMBRE...
... Y LUEGO LOS GRANDES DEPREDADORES, QUE SE QUEDARON SIN PRESAS.
Pero entonces, ¿cómo pudieron sobrevivir los otros animales?
EN REALIDAD, MUCHOS MURIERON TAMBIÉN, PERO LOS COCODRILOS, LAS TORTUGAS Y LOS PECES TAL VEZ SUFRIERON MENOS EL IMPACTO AL SER SU MEDIO DE VIDA ACUÁTICO.
LOS PÁJAROS QUIZÁ PUDIERON ADAPTARSE MEJOR GRACIAS A SU TAMAÑO PEQUEÑO.
EN CUANTO A LOS PEQUEÑOS MAMÍFEROS, TAL VEZ ESTABAN ACOSTUMBRADOS A RESISITIR PERIODOS DIFÍCILES ADOPTANDO UN MODO DE VIDA RALENTIZADO DENTRO DE SUS MADRIGUERAS.
Hay muchos «quizás».
AÚN NOS QUEDA MUCHO POR COMPRENDER DE ESTE FENÓMENO.

EL CENOZOICO
-66 Ma

EN LAS PRADERAS
Paleoceno-Eoceno: -60 a -50 Ma
Los dinosaurios impidieron que los mamíferos evolucionasen, pero ahora se vive una verdadera explosión.
LA VEGETACIÓN ES ABUNDANTE, LO QUE PERMITE LA APARICIÓN DE TODO TIPO DE NUEVAS ESPECIES, GRANDES Y PEQUEÑAS.
LOS MAMÍFEROS OCUPAN LAS ZONAS HÚMEDAS, UN MEDIO PARTICULARMENTE RICO.
EL **CORYPHODON** TIENE UN MODO DE VIDA ANFIBIO, PARECIDO AL DEL HIPOPÓTAMO.
Coryphodon (longitud 2,50 m)
EL **UINTATERIO** ES UNO DE LOS ANIMALES MÁS GRANDES DEL INICIO DEL EOCENO. ¡SU PESO SUPERA LAS DOS TONELADAS!
Uintaterio (longitud 4 m)
¡Qué cabeza más rara!
Tal vez le servía para seducir a las hembras.
PARALELAMENTE A LOS HERVÍBOROS APARECEN LAS ESPECIES CARNÍVORAS.
EL **MESONYX** CAZA ANIMALES PEQUEÑOS, SIN DUDA EN SOLITARIO.
Mesonyx (longitud 1,5 m)
Phenacodus (longitud 1,5 m)
¡Se parece a un **lobo**!
CON SUS GRANDES PATAS, NO CORRE DEMASIADO. ADEMÁS, NO TIENE GARRAS SINO PEZUÑAS PEQUEÑAS.
UNO DE SUS PRIMOS, EL **ANDREWSARCHUS**, ES UNO DE LOS CARNÍVOROS MÁS GRANDES DE LA HISTORIA DEL PLANETA: ¡SU CRÁNEO YA MIDE 90 CM!
(longitud 4 m)
ERA MÁS BIEN OMNÍVORO, SOBRE TODO CARROÑERO.

Paleoceno-Eoceno: -60 a -50 Ma
EN LOS ÁRBOLES
En el **Eoceno**, el mundo se vuelve cada vez más caluroso y húmedo. Bosques inmensos cubren los continentes.
FLORES Y FRUTOS ALIMENTAN A MUCHAS ESPECIES TREPADORAS.
Carpolestes (15 cm)
EL **CARPOLESTES** ES UN HERVÍBORO MUY PEQUEÑO, A PENAS MAYOR QUE UN RATÓN, PERO AL CONTRARIO DE LOS ROEDORES, TIENE PULGARES CON UÑAS Y NO GARRAS. ES UN PLESIADAPIFORME, PARIENTE DE LOS PRIMEROS MONOS.
EN LOS ÁRBOLES VIVEN TAMBIÉN SUS PRIMOS, COMO EL **DARWINIUS**.
TIENE LOS OJOS ORIENTADOS HACIA DELANTE, LO QUE LE PROPORCIONA UNA BUENA VISIÓN DE LEJOS.
Darwinius (58 cm)
¡Se parece a un **lémur**!
SÍ, NO TIENE UNA NARIZ COMO LA DE LOS MONOS, PERO SÍ COMO LA DE LOS PERROS. ESTE ES EL GRUPO QUE DARÁ ORIGEN A LOS **LÉMURES** Y A LOS **MONOS**.
Icaronycteris (envergadura 37 cm)
ES TAMBIÉN LA ÉPOCA DE LOS **MURCIÉLAGOS**.
Planetetherium (longitud 25 cm)
EL **PLANETETHERIUM** PUEDE DESLIZARSE DE ÁRBOL EN ÁRBOL GRACIAS A LOS «VELOS» DE PIEL EXTENDIDOS ENTRE SUS EXTREMIDADES.
Todos estos animales pequeños atraen a los carnívoros.
SÍ, COMO AL **MIACIS**. TIENE EL TAMAÑO DE UNA COMADREJA Y TREPA MUY BIEN. ES UNO DE LOS PRIMEROS AUTÉNTICOS CARNÍVOROS.
Miacis (30 cm)
SU FAMILIA DARÁ LUGAR A DOS LINAJES. POR UN LADO, LOS LOBOS, LOS OSOS Y LAS FOCAS, Y POR EL OTRO, LAS HIENAS Y LOS FELINOS.

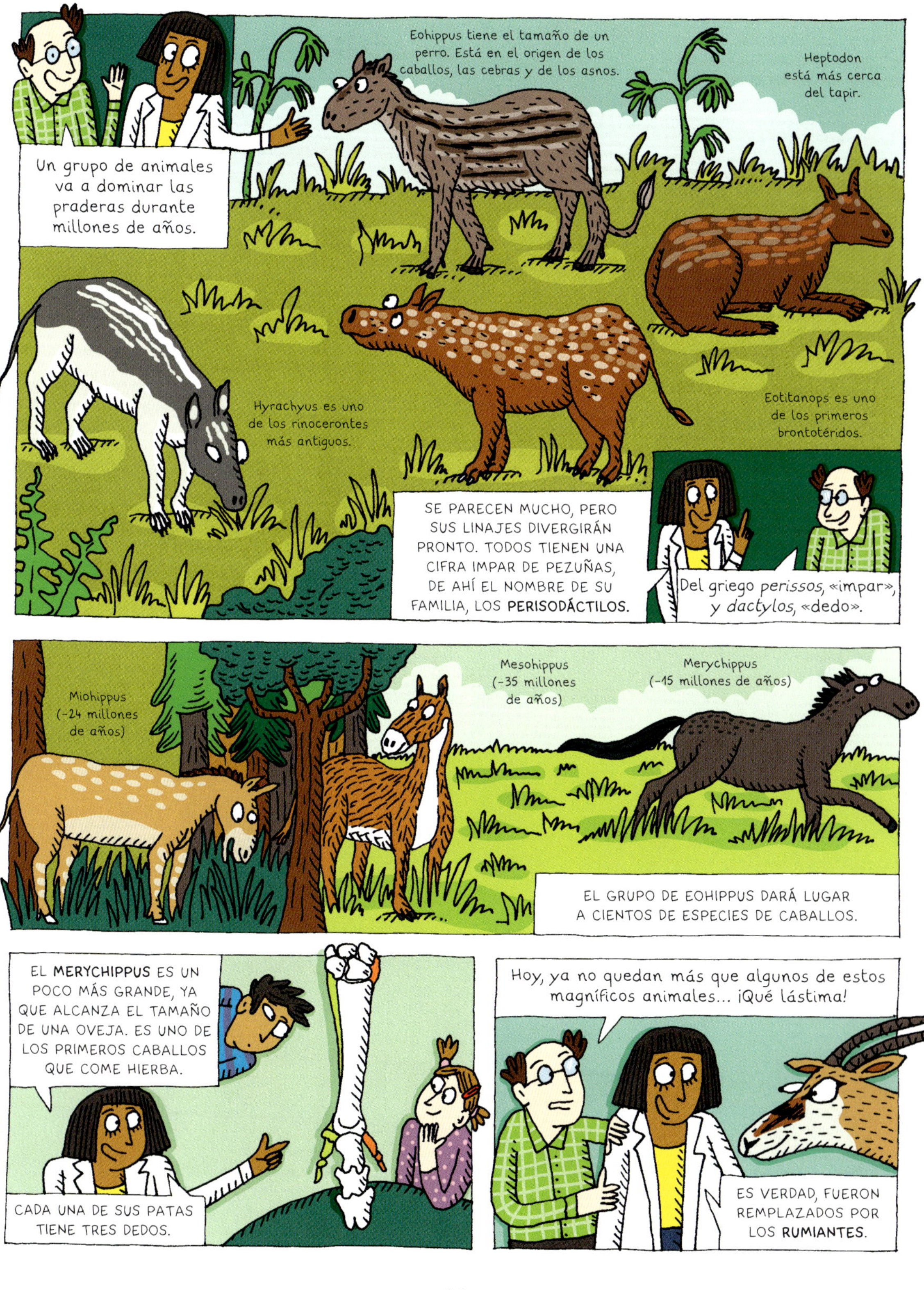
Un grupo de animales va a dominar las praderas durante millones de años.
Eohippus tiene el tamaño de un perro. Está en el origen de los caballos, las cebras y de los asnos.
Heptodon está más cerca del tapir.
Hyrachyus es uno de los rinocerontes más antiguos.
Eotitanops es uno de los primeros brontotéridos.
SE PARECEN MUCHO, PERO SUS LINAJES DIVERGIRÁN PRONTO. TODOS TIENEN UNA CIFRA IMPAR DE PEZUÑAS, DE AHÍ EL NOMBRE DE SU FAMILIA, LOS **PERISODÁCTILOS**.
Del griego *perissos*, «impar», y *dactylos*, «dedo».
Miohippus (-24 millones de años)
Mesohippus (-35 millones de años)
Merychippus (-15 millones de años)
EL GRUPO DE EOHIPPUS DARÁ LUGAR A CIENTOS DE ESPECIES DE CABALLOS.
EL **MERYCHIPPUS** ES UN POCO MÁS GRANDE, YA QUE ALCANZA EL TAMAÑO DE UNA OVEJA. ES UNO DE LOS PRIMEROS CABALLOS QUE COME HIERBA.
CADA UNA DE SUS PATAS TIENE TRES DEDOS.
Hoy, ya no quedan más que algunos de estos magníficos animales... ¡Qué lástima!
ES VERDAD, FUERON REMPLAZADOS POR LOS **RUMIANTES**.

LOS PEQUEÑOS MAMÍFEROS SIGUEN SIENDO LOS MÁS NUMEROSOS, PERO LA EVOLUCIÓN TAMBIÉN HA ORIGINADO ESPECIES DE GRAN TAMAÑO.
Después de los dinosaurios, la Tierra no albergó más gigantes. ¡Por fin empiezan a reaparecer!
EL **PARACERATHERIUM** ES SIN DUDA EL MAMÍFERO MÁS GRANDE DE LA HISTORIA DE LA TIERRA. PERTENECE A LA FAMILIA DE LOS RINOCERONTES, A PESAR DE NO TENER CUERNO.
También lo llamamos **Indricotherium** o **Baluchitherium**.
Megacerops (altura 2,50 m)
EL **MEGACEROPS** DESCIENDE DEL PEQUEÑO **EOTITANOPS**. ASÍ, ES PARIENTE DE CABALLOS Y RINOCERONTES.
Arsinoitherium (altura 1,70 cm)
EL **ARSINOITHERIUM** TIENE LA FORMA DE VIDA DE UN RINOCERONTE.
Entelodonte (altura 1,80 m)
EL **ENTELODONTE** SE PARECE A UN JABALÍ GIGANTE. SE COME TODO LO QUE ENCUENTRA. ES MUY RÁPIDO Y PUEDE PERSEGUIR PRESAS PEQUEÑAS.
Los **calicotéridos** son primos de los caballos, pero sus pezuñas evolucionaron como garras.
¡Es un caballo-gorila!

¡En el Eoceno empieza una de las más extraordinarias aventuras de la evolución, la historia de las **ballenas**!
PODEMOS EMPEZAR ESTA HISTORIA CON EL **INDOHYUS**, UN PEQUEÑO HERVÍBORO QUE VIVIÓ HACE 50 MILLONES DE AÑOS. TIENE EL TAMAÑO DE UN GATO Y TIENE PEZUÑAS PEQUEÑAS.
¡Pero eso no es una ballena!
CIERTO, PERO ALGUNOS DE SUS HUESOS Y SUS DIENTES SE PARECEN A LOS DE LAS FUTURAS BALLENAS.
EL INDOHYUS PODRÍA SER EL ANTEPASADO DE UN ANIMAL UN POCO MÁS GRANDE, EL **PAKICETUS**.
SIN DUDA TIENE UN MODO DE VIDA ANFIBIO. CAPTURA PECES PARA ALIMENTARSE.
¡Cómo una nutria!
EL PAKICETUS, O UNA ESPECIE VECINA, EVOLUCIONARÁ Y DARÁ LUGAR AL **AMBULOCETUS**, AÚN MÁS GRANDE Y QUE VIVE SIEMPRE EN EL AGUA.
EL AMBULOCETUS NADA MUY BIEN Y CAZA DE FORMA PARECIDA A LOS COCODRILOS.
Tiene patas palmeadas.
SU CRÁNEO ES MUY SIMILAR AL DE LAS BALLENAS PREHISTÓRICAS, QUE APARECERÁN UNOS MILLONES DE AÑOS DESPUÉS.
EL AMBULOCETUS PODRÍA SER EL ANTEPASADO DE LOS CETÁCEOS.
Ambulocetus significa «ballena andante».

El ambulocetus vivía junto al mar, pero sus descendientes son totalmente marinos.
EL **CYNTHIACETUS** TIENE UNAS PATAS MUY PEQUEÑAS. NO SE PROPULSA GRACIAS A ELLAS, SINO DE LA COLA.
¡EL CYNTHIACETUS ES UNA VERDADERA BALLENA!
Cynthiacetus (9 m)
¡Pero no tiene un espiráculo como las ballenas actuales!
SÍ, LAS FOSAS NASALES DEL CYNTHIACETUS ESTÁN SITUADAS DELANTE DE SUS OJOS Y AÚN NO HAN EVOLUCIONADO HACIA UN ESPIRÁCULO.
LA EVOLUCIÓN DE LOS **CETÁCEOS** CONTINÚA. HACIA -25 MILLONES DE AÑOS, EL **AETIOCETUS** YA NO TIENE PATAS TRASERAS.
Aetiocetus (6 m)
ADEMÁS DE DIENTES, TAMBIÉN TIENE BARBAS, CON LAS QUE FILTRA EL **PLANCTON**, LOS PEQUEÑOS ANIMALES QUE FLOTAN EN EL AGUA. ES UNA FUENTE DE ALIMENTO SUPLEMENTARIA.
Los cetáceos se dividirán en dos linajes: los cetáceos con dientes, como **orcas** y **delfines**, y los cetáceos con barbas, como las **ballenas** de verdad.

LOS PORTADORES DE TROMPA
Eoceno-Mioceno: -56 a -20 Ma
Es también en el Eoceno cuando hace su aparición un órgano sorprendente: ¡la trompa de los **elefantes**!
EN AQUEL ENTONCES, NADA PERMITÍA PREVER EN QUÉ IBAN A CONVERTIRSE LOS DESCENDIENTES DEL **NUMIDOTHERIUM**...
Numidotherium (altura 1 m)
... QUE NO ES MÁS QUE UNA DE LAS NUMEROSAS ESPECIES DE MAMÍFEROS AFRICANOS CON UN MODO DE VIDA MÁS O MENOS ACUÁTICO.
SU MANDÍBULA SUPERIOR TIENE GRANDES INCISIVOS EN FORMA DE COLMILLOS.
SU NARIZ Y LABIO SUPERIOR SE FUSIONAN EN UNA TROMPA CORTA.
Como la del **tapir**.
ESTOS ANIMALES EVOLUCIONAN HACIA ESPECIES MÁS MACIZAS COMO LOS **PHIOMIA**.
Phiomia (altura 2,50 m)
SUS GRANDES COLMILLOS HACEN QUE SU CABEZA PESE. LOS MÚSCULOS DE SU CUELLO SE FORTALECEN.
EL ACORTAMIENTO DEL CUELLO SE COMPENSA POR EL ALARGAMIENTO DE LA TROMPA.
¡Es práctico para los elefantes con patas!
ESTA FAMILIA SE DIVERSIFICA CADA VEZ MÁS.
EL **DEINOTERIO** TIENE COLMILLOS QUE APUNTAN HACIA ABAJO.
CON SUS COLMILLOS APLANADOS, EL **PLATYBELODON** PUEDE ARRANCAR PLANTAS ACUÁTICAS.
Platybelodon (altura 2,20 m)
DESPUÉS ESTE LINAJE DARÁ LUGAR A LOS ELEFANTES Y MAMUTS.
Conocemos más de 180 especies fósiles. Solo quedan 2, los elefantes de África y de Asia.

LA ISLA AMÉRICA

EL ÉXITO DE LOS RUMIANTES
Mioceno: −23 a −5 Ma
En el **Mioceno**, el clima terrestre se vuelve globalmente más frío y seco. Praderas y sabanas sustituyen a los bosques.
UN NUEVO GRUPO ADQUIERE CADA VEZ MÁS IMPORTANCIA: LOS RUMIANTES.
UNO DE LOS PRIMEROS ES EL **ARCHAEOMERYX**, QUE VIVIÓ HACE 40 MILLONES DE AÑOS.
Archaeomeryx (altura 25 cm)
Se parece al **vioñe**, el rumiante actual más pequeño.
Synthetoceras (altura 1,20 m)
DESPUÉS APARECIERON MILES DE ESPECIES DIFERENTES, A MENUDO CON CUERNOS O ASTAS.
Prolibytherium (altura 1 m)
A MENUDO, SOLO LOS VARONES LLEVAN ESTOS ORNAMENTOS. LOS UTILIZAN PRINCIPALMENTE PARA COMPETIR ENTRE SÍ ANTE LAS HEMBRAS.
ALGUNOS MACHOS TAMBIÉN TIENEN LARGOS CANINOS, COMO EL **HOPLITOMERYX**.
VIVIÓ HACE 8 MILLONES DE AÑOS EN UNA ISLA DEL MEDITERRÁNEO.
(altura 1 m)
LOS DOS SEXOS TENÍAN CUERNOS, QUE LES PROTEGÍAN DE LOS **GARGANOAETUS**, UNAS ÁGUILAS GIGANTES.
¡Pero no de los **cocodrilos**!
Todos los rumiantes tenían 2 o 4 pezuñas.
SON LOS **ARTIODÁCTILOS**.
Del griego *artios*, «par», y *dactylos*, «dedo».
Ampelomeryx, el ciervo-jirafa
PERO SOBRE TODO, DIGIEREN LA HIERBA CON FACILIDAD GRACIAS A SU ESTÓMAGO, FORMADO POR VARIAS BOLSAS.

Mioceno-Plioceno: -23 a -2,6 Ma
EL CUELLO DE LAS JIRAFAS
El cuello de la **jirafa** es una de las historias más famosas de la evolución: ¿cómo alcanzaron las jirafas su altura prodigiosa?
Creo que querían llegar a las hojas que estaban en las ramas más altas. A fuerza de estirar, se les alargó el cuello. ¡Es simple!
¡PUEDE SER SIMPLE, PERO ES FALSO! LOS ANIMALES NO EVOLUCIONAN ASÍ.
PRIMERO HAY QUE EXAMINAR QUÉ PASÓ REALMENTE.
Canthumeryx (altura 1 m)
HACE 16 MILLONES DE AÑOS, EL **CANTHUMERYX** ES UN PEQUEÑO ANIMAL QUE COME HOJAS DE LOS BOSQUES DE ÁFRICA.
Samotherium (altura 2,50 m)
EN SUS DESCENDIENTES, LOS CUELLOS SE ALARGAN, COMO EN EL **SAMOTHERIUM**, HACE 7 MILLONES DE AÑOS.
SU CUELLO MÁS LARGO ES UNA VENTAJA, LAS JIRAFAS TRANSMITEN ESTA CARACTERÍSTICA A SUS HIJOS Y EL CUELLO SE ALARGA DE GENERACIÓN EN GENERACIÓN.
¿PERO CUÁL ERA ESTA VENTAJA? PUEDE QUE ACCEDER A LAS RAMAS INACCESSIBLES PARA LOS DEMÁS.
PUEDE QUE TAMBIÉN OBTENER UN ARMA MÁS EFICAZ. DURANTE EL PERIODO DE APAREAMIENTO, LAS JIRAFAS MACHO SE PELEAN CON SUS CUELLOS.
¡Se dan golpes de cuello!
EN OTRA RAMA DE ESTA FAMILIA, LAS ESPECIES ERAN MÁS GRANDES PERO SU CUELLO PERMANECIÓ BASTANTE CORTO.
Sivatherium (altura 2,20 m)
ES EL CASO DEL **SIVATHERIUM**, HACE 2 MILLONES DE AÑOS.
¡Este linaje también dio lugar al actual **okapi**!

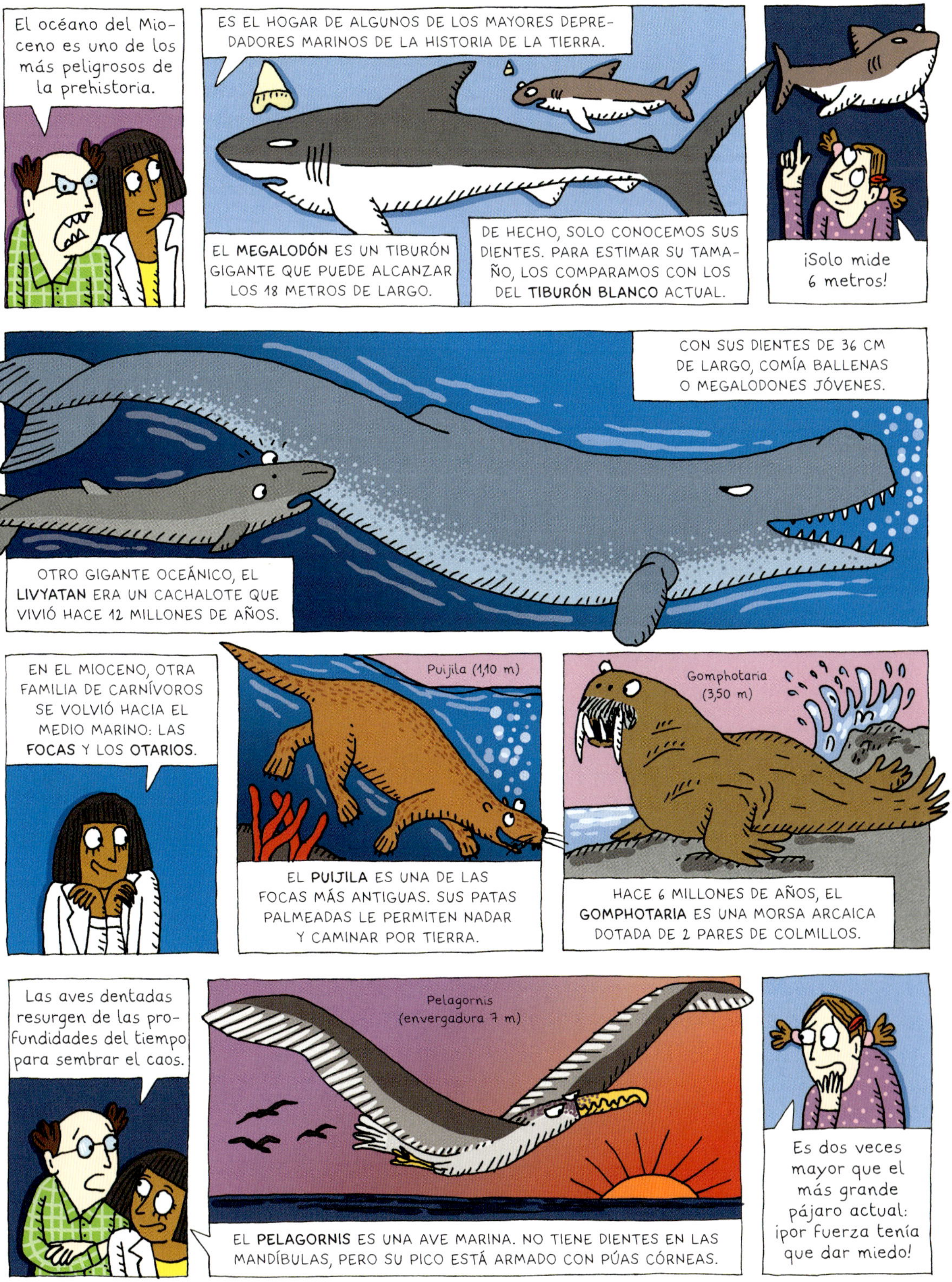
El océano del Mioceno es uno de los más peligrosos de la prehistoria.
ES EL HOGAR DE ALGUNOS DE LOS MAYORES DEPREDADORES MARINOS DE LA HISTORIA DE LA TIERRA.
EL **MEGALODÓN** ES UN TIBURÓN GIGANTE QUE PUEDE ALCANZAR LOS 18 METROS DE LARGO.
DE HECHO, SOLO CONOCEMOS SUS DIENTES. PARA ESTIMAR SU TAMAÑO, LOS COMPARAMOS CON LOS DEL **TIBURÓN BLANCO** ACTUAL.
¡Solo mide 6 metros!
CON SUS DIENTES DE 36 CM DE LARGO, COMÍA BALLENAS O MEGALODONES JÓVENES.
OTRO GIGANTE OCEÁNICO, EL **LIVYATAN** ERA UN CACHALOTE QUE VIVIÓ HACE 12 MILLONES DE AÑOS.
EN EL MIOCENO, OTRA FAMILIA DE CARNÍVOROS SE VOLVIÓ HACIA EL MEDIO MARINO: LAS **FOCAS** Y LOS **OTARIOS**.
Puijila (1,10 m)
EL **PUIJILA** ES UNA DE LAS FOCAS MÁS ANTIGUAS. SUS PATAS PALMEADAS LE PERMITEN NADAR Y CAMINAR POR TIERRA.
Gomphotaria (3,50 m)
HACE 6 MILLONES DE AÑOS, EL **GOMPHOTARIA** ES UNA MORSA ARCAICA DOTADA DE 2 PARES DE COLMILLOS.
Las aves dentadas resurgen de las profundidades del tiempo para sembrar el caos.
Pelagornis (envergadura 7 m)
EL **PELAGORNIS** ES UNA AVE MARINA. NO TIENE DIENTES EN LAS MANDÍBULAS, PERO SU PICO ESTÁ ARMADO CON PÚAS CÓRNEAS.
Es dos veces mayor que el más grande pájaro actual: ¡por fuerza tenía que dar miedo!

Mioceno-Plioceno: -23 a -2,6 Ma
LOS DIENTES DE LA TIERRA
Como en la época de los dinosaurios, los animales del **Cenozoico** se enfrentan a feroces depredadores.
AL PRINCIPIO DE ESTE PERIODO, LOS PRINCIPALES CARNÍVOROS SON LOS CREODONTOS, COMO EL **MACHAEROIDES**, QUE TENÍA EL TAMAÑO DE UNA NUTRIA...
... O EL **HYAENODON**, MUCHO MÁS GRANDE. UNA ESPECIE DE VECINO, EL **MEGISTOTHERIUM**, LLEGA A LA MEDIA TONELADA.
Hyaenodon (altura 1,20 m)
DESPUÉS LOS CREODONTOS SERÁN SUSTITUIDOS POR LA FAMILIA DE LOS CARNÍVOROS, LOS ANTEPASADOS DE LAS ESPECIES ACTUALES.
Los creodontos se extinguieron porque eran menos fuertes y menos feroces.
Dissopsalis, uno de los últimos creodontos
NO SABEMOS POR QUÉ DESAPARECIERON: ¿UN CEREBRO MÁS PEQUEÑO? ¿ARTICULACIONES MENOS FLEXIBLES? ¡IGUALMENTE VIVIERON MÁS DE 50 MILLONES DE AÑOS!
Amphicyon (altura 1,20 m)
LOS CARNÍVOROS PUEDEN DIVIDIRSE EN DOS LINAJES: LOS **CANIFORMES**, COMO LOS PERROS, LOS OSOS Y LOS ANFICIÓNIDOS, LOS YA EXTINTOS «OSOS-PERROS»...
.... Y LOS **FELIFORMES**, LOS PRIMEROS FELINOS, COMO EL **PROAILURUS**, DEL TAMAÑO DE UN GATO.
LUEGO TIGRES DIENTES DE SABLE COMO EL **MACHAIRODUS**.
Machairodus (altura 1,20 m)
Nuestros antepasados se codeaban con ellos, ¡sin duda a su costa!

LOS HOMÍNIDOS
Mioceno-Plioceno: -23 a -2,6 Ma
¡Al fin llegamos a la cima de la evolución, los primeros hombres!
NO ESTÁN EN LA CIMA. SON ANTE TODO GRANDES SIMIOS COMO CUALQUIER OTRO. Y NO HAY NADA QUE SUGIERA QUE SEAN NUESTROS ANTEPASADOS.
Procónsul (peso 18 kg)
LOS PRIMEROS HOMINOIDEOS, COMO LOS **PROCÓNSULES**, VIVIERON EN ÁFRICA ENTRE -20 Y -11 MILLONES DE AÑOS.
COMEN FRUTA Y HOJAS. LOS MÁS GRANDES SON DEL TAMAÑO DE UN **GORILA**.
Pierolapithecus (altura 1,20 m)
OTROS GRANDES SIMIOS TAMBIÉN OCUPARON EUROPA Y ASIA, COMO EL **PIEROLAPITHECUS**, HALLADO EN CATALUÑA.
Sivapithecus (altura 1,50 m)
EL **SIVAPITHECUS** INDIO ES PARIENTE DEL ORANGUTÁN ACTUAL.
PERO ES EN ÁFRICA DONDE LA FAMILIA DE LOS HOMÍNIDOS FLORECERÁ.
Sahelanthropus (-7 Ma)
EL **SAHELANTHROPUS**, APODADO TOUMAÏ, PROBABLEMENTE SE DESPLAZABA ERGUIDO, NO A 4 PATAS.
ESTE ES TAMBIÉN EL CASO DEL **ARDIPITHECUS** QUE VIVIÓ HACE 4,4 MILLONES DE AÑOS.
Ardipithecus
HACE 3 MILLONES DE AÑOS, VARIAS ESPECIES DE HOMÍNIDOS OCUPARON LAS SABANAS AFRICANAS, COMO...
... EL **PARANTHROPUS**, QUE SE ALIMENTABA SOBRE TODO DE RAÍCES, HOJAS Y FRUTOS...
... Y LOS **AUSTRALOPITHECUS**, QUE TAMBIÉN CAZABAN INSECTOS Y PEQUEÑOS ANIMALES, COMO POR EJEMPLO LA FAMOSA LUCY.
¡Nuestros antepasados están entre ellos!

LA ERA CUATERNARIA

Pleistoceno: -2,6 Ma a -10.000 años

Durante la era Cuaternaria, nuestro planeta experimentó un baile de temperaturas, pasando regularmente del vapor al hielo.
SÍ, AHORA LA TIERRA EXPERIMENTA PERIODOS ALTERNOS DE GLACIACIÓN Y DEGLACIACIÓN, DEPENDIENDO DE LAS VARIACIONES DE SU ÓRBITA ALREDEDOR DEL SOL.
CUANDO LA TIERRA RECIBE MENOS CALOR, LA TEMPERATURA MEDIA DESCIENDE Y LOS GLACIARES INVADEN LOS CONTINENTES.
CUANDO RECIBE MÁS, LOS GLACIARES RETROCEDEN Y EL CLIMA SE VUELVE MÁS CÁLIDO Y HÚMEDO.
DURANTE EL ÚLTIMO PERIODO INTERGLACIAR, HACE 120.000 AÑOS, LOS HIPOPÓTAMOS NADABAN EN EL RÍO TÁMESIS, EN INGLATERRA.
DURANTE LAS GLACIACIONES, PARTE DEL AGUA DE LOS OCÉANOS QUEDA ATRAPADA EN LOS GLACIARES, QUE CUBREN HASTA UN TERCIO DE LOS CONTINENTES.
EL NIVEL DEL MAR DESCIENDE MÁS DE 100 METROS.
El canal de la Mancha ya no existe, sustituido por un gran río que fluye hacia el Atlántico.
Toda la prehistoria del hombre estará marcada por los efectos de las glaciaciones.
TAMBIÉN LA EVOLUCIÓN DE LOS ANIMALES. EN LOS PERIODOS FRÍOS, COLONIZAN REGIONES...
... QUE SE CONVIERTEN EN ISLAS EN PERIODOS MÁS CÁLIDOS, POR LO QUE EVOLUCIONARON SEPARADOS DE LOS DEMÁS.

LA MEGAFAUNA DE LAS TUNDRAS

LA REUNIÓN DE LAS AMÉRICAS
Pleistoceno: -2,6 Ma
Durante millones de años, América del Sur había evolucionado silenciosamente al margen del resto del mundo. De repente, los volcanes surgen del océano y la unen a América del Norte.
ESTO SUCEDIÓ HACE UNOS 3 MILLONES DE AÑOS. MUY RÁPIDAMENTE, LOS ANIMALES APROVECHARON ESTE PUENTE DE TIERRA.
Zarigüeya
Jaguar
Gondotérido
Armadillo
LOS **MEGATERIOS**, ENORMES PEREZOSOS TERRESTRES, Y LOS **GLIPTODONTES**, ARMADILLOS GIGANTES, SE DESPLAZARON HACIA EL NORTE, SEGUIDOS POR UNA MULTITUD DE ANIMALES MÁS PEQUEÑOS.
Megatherium
Tapir
Llama
Glyptodon
AL MISMO TIEMPO, LOS ANIMALES DEL NORTE HICIERON EL VIAJE INVERSO.
LAS ESPECIES DEL NORTE ESTABAN ACOSTUMBRADAS A COMPETIR CON LA FAUNA DE OTROS CONTINENTES, PERO LAS DEL SUR NO SE TOMARON BIEN ESTA LLEGADA MASIVA.
LAS AVES DEPREDADORAS GIGANTES, PRIVADAS DE SUS PRESAS POR LOS NUEVOS CARNÍVOROS, ACABARON POR EXTINGUIRSE.
LOS **LITÓPTERNOS** FUERON EXPULSADOS DE SUS PRADERAS POR LAS LLAMAS Y OTROS HERBÍVOROS DEL NORTE.
EL ÚLTIMO DE ELLOS, LA **MACRAUQUENIA**, SOBREVIVIÓ HASTA -10.000 AÑOS.
Y hoy, todo lo que queda de la antigua fauna de Sudamérica son **zarigüeyas**, **perezosos**, **osos hormigueros** y **armadillos**.

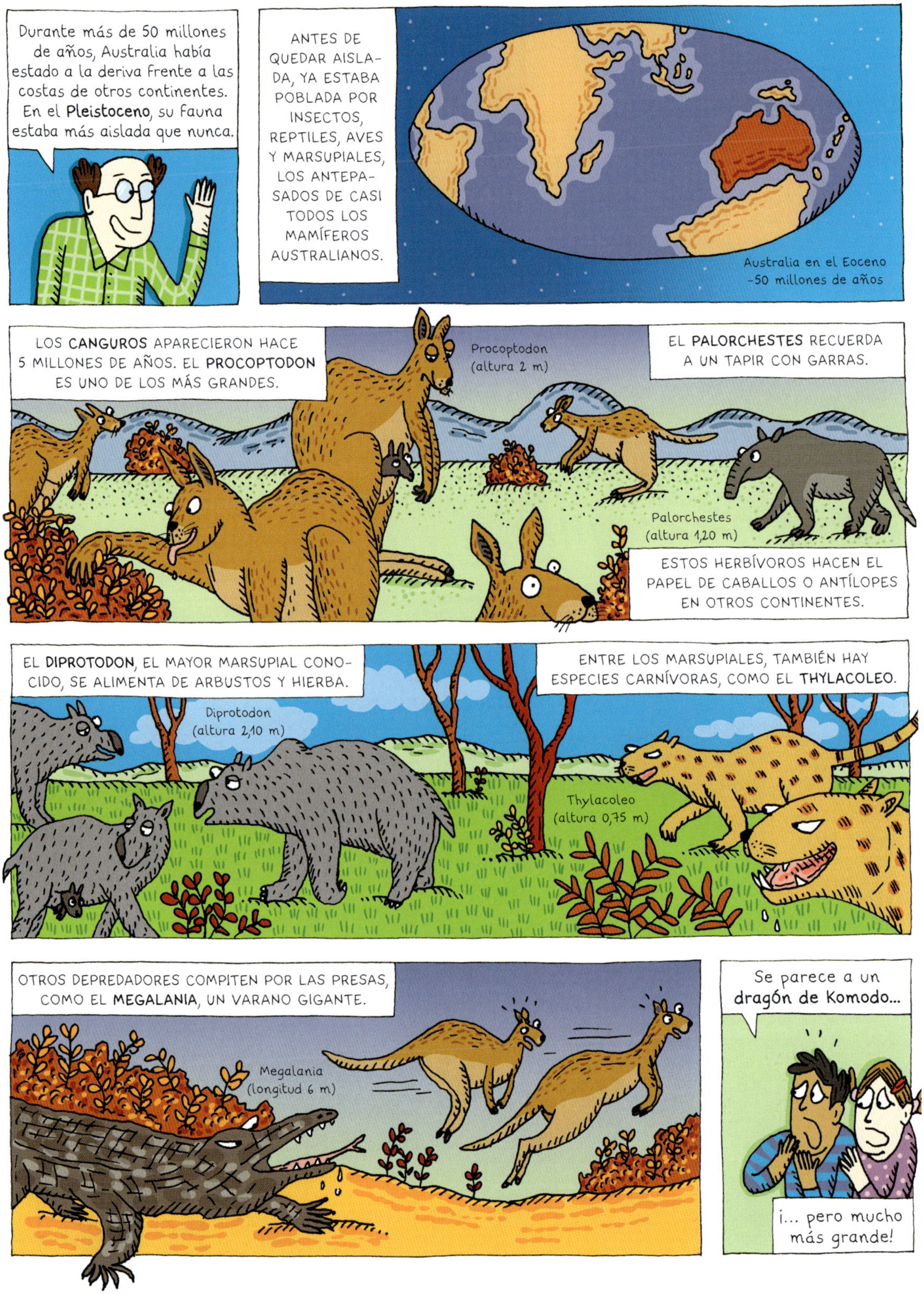
Durante más de 50 millones de años, Australia había estado a la deriva frente a las costas de otros continentes. En el **Pleistoceno**, su fauna estaba más aislada que nunca.
ANTES DE QUEDAR AISLADA, YA ESTABA POBLADA POR INSECTOS, REPTILES, AVES Y MARSUPIALES, LOS ANTEPASADOS DE CASI TODOS LOS MAMÍFEROS AUSTRALIANOS.
Australia en el Eoceno -50 millones de años
LOS **CANGUROS** APARECIERON HACE 5 MILLONES DE AÑOS. EL **PROCOPTODON** ES UNO DE LOS MÁS GRANDES.
Procoptodon (altura 2 m)
EL **PALORCHESTES** RECUERDA A UN TAPIR CON GARRAS.
Palorchestes (altura 1,20 m)
ESTOS HERBÍVOROS HACEN EL PAPEL DE CABALLOS O ANTÍLOPES EN OTROS CONTINENTES.
EL **DIPROTODON**, EL MAYOR MARSUPIAL CONOCIDO, SE ALIMENTA DE ARBUSTOS Y HIERBA.
Diprotodon (altura 2,10 m)
ENTRE LOS MARSUPIALES, TAMBIÉN HAY ESPECIES CARNÍVORAS, COMO EL **THYLACOLEO**.
Thylacoleo (altura 0,75 m)
OTROS DEPREDADORES COMPITEN POR LAS PRESAS, COMO EL **MEGALANIA**, UN VARANO GIGANTE.
Megalania (longitud 6 m)
Se parece a un **dragón de Komodo...**
¡... pero mucho más grande!

LOS PRIMEROS HOMBRES
Pleistoceno: -2,6 Ma a -10.000 años
De repente, aparece una nueva especie en la gran familia de los homínidos, completamente diferente de las demás... ¡Es nuestro antepasado!
EN REALIDAD, NO SABEMOS MUY BIEN QUÉ LO DISTINGUE DE LOS DEMÁS. QUIZÁS ERA UN POCO MÁS CURIOSO, UN POCO MÁS SOCIABLE O UN POCO MÁS DIESTRO: ¡ERA EL *HOMO HABILIS*!
VIVE EN EL ESTE DE ÁFRICA, EN UN ENTORNO DE SABANA DONDE COME PLANTAS Y CARNE.
¡Es un cazador!
QUIZÁS TODAVÍA NO, PERO PROBABLEMENTE UTILIZABA PIEDRAS AFILADAS PARA CORTAR LA CARNE DE LOS ANIMALES QUE HABÍAN MATADO LOS GRANDES CARNÍVOROS.
MUY PRONTO APARECIÓ OTRA ESPECIE, MÁS GRANDE, CON UN CEREBRO MÁS VOLUMINOSO Y CAPAZ DE DESPLAZARSE CON FACILIDAD SOBRE SUS DOS PIERNAS. ESTE ERA EL ***HOMO ERECTUS***, EL HOMBRE DE PIE.
¡Él caza!
Y TALLABA HERRAMIENTAS DE PIEDRA MÁS COMPLEJAS.
Este hombre arcaico fue el primero en haber domesticado un elemento esencial: ¡el fuego!
AHORA PUEDE COCINAR SU COMIDA, CALENTARSE POR LA NOCHE Y PROTEGERSE DE LOS ANIMALES SALVAJES.
NO SABEMOS SI HABLABAN COMO NOSOTROS, PERO SIN DUDA SE COMUNICABAN ENTRE ELLOS, PARA CAZAR O CONSTRUIR SUS CHOZAS...
¡... o para contar historias!

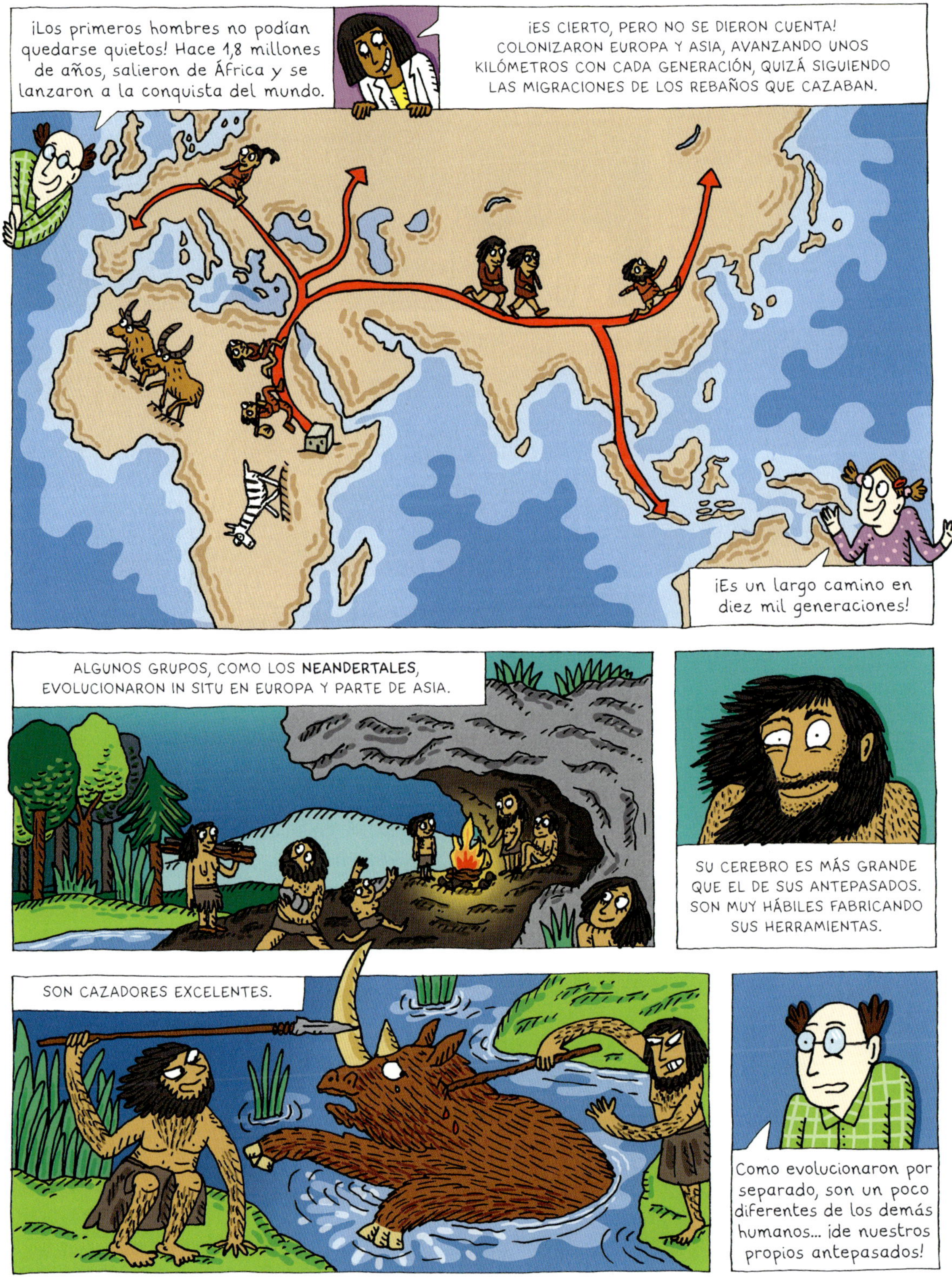
¡Los primeros hombres no podían quedarse quietos! Hace 1,8 millones de años, salieron de África y se lanzaron a la conquista del mundo.
¡ES CIERTO, PERO NO SE DIERON CUENTA! COLONIZARON EUROPA Y ASIA, AVANZANDO UNOS KILÓMETROS CON CADA GENERACIÓN, QUIZÁ SIGUIENDO LAS MIGRACIONES DE LOS REBAÑOS QUE CAZABAN.
¡Es un largo camino en diez mil generaciones!
ALGUNOS GRUPOS, COMO LOS NEANDERTALES, EVOLUCIONARON IN SITU EN EUROPA Y PARTE DE ASIA.
SU CEREBRO ES MÁS GRANDE QUE EL DE SUS ANTEPASADOS. SON MUY HÁBILES FABRICANDO SUS HERRAMIENTAS.
SON CAZADORES EXCELENTES.
Como evolucionaron por separado, son un poco diferentes de los demás humanos... ¡de nuestros propios antepasados!

LOS MINIELEFANTES DE LAS ISLAS

Pleistoceno: de -2,6 Ma a -10.000 años

Pleistoceno: -40.000 años a -10.000 años
CROMAÑÓN
Aquí está por fin el pináculo de la evolución, el rey de la naturaleza, en definitiva... ¡yo! Bueno, no solo yo, sino el hombre moderno en general... ¡El *Homo sapiens!*
¡NO ES UN REY NI UNA CUMBRE! PERO ES UN HÁBIL ARTESANO Y UN MUY BUEN CAZADOR.
Se le apodó **cromañón**, porque en 1868 se encontraron esqueletos en la cueva de Cromañón.
ÉL TAMBIÉN APARECIÓ EN ÁFRICA HACE UNOS 150.000 AÑOS, Y COMO SUS ANTEPASADOS, EMPEZÓ A RECORRER EL MUNDO.
Llegó incluso más lejos que ellos, alcanzando América y Australia.
ESTOS NUEVOS HUMANOS SE ENCONTRARON CON LOS DESCENDIENTES DE LOS PRIMEROS HUMANOS, PERO RARA VEZ SE MEZCLARON CON ELLOS. Y TODOS LOS DEMÁS ACABARON POR DESAPARECER.
Si hubieran sobrevivido, ¡hoy existirían varias especies humanas!
ESTOS HOMBRES FUERON PROBABLEMENTE LOS PRIMEROS EN PINTAR Y TALLAR EN LAS PAREDES DE ACANTILADOS Y CUEVAS.
Hace 30.000 años, ¡estaban tan dotados como nosotros!
NUESTROS CUERPOS Y CEREBROS HAN PERMANECIDO PRÁCTICAMENTE INALTERADOS DURANTE 50.000 AÑOS.

EL GRAN CALENTAMIENTO

Pleistoceno: -20.000 a -10.000 años

LA ÉPOCA DE LOS HUMANOS

Holoceno: -10.000 años hasta la actualidad

LA REVOLUCIÓN AGRÍCOLA

Neolítico: -10.000 a -5.000 años

Se cuenta que un día llegó a un poblado un nuevo animal, que se convertiría en el mejor amigo del hombre: ¡el **perro**!
CUANDO SE ACERCÓ AL HOMBRE, AÚN NO ERA UN **PERRO**, ¡SINO UN **LOBO**! LOS LOBOS MENOS AGRESIVOS Y MENOS TEMEROSOS SE ACOSTUMBRARON A LA PRESENCIA HUMANA Y POCO A POCO SE CONVIRTIERON EN PERROS.
HACE 10.000 AÑOS, LOS PRIMEROS ALDEANOS CRIABAN **MUFLONES** Y **CABRAS SALVAJES**.
¡Era más fácil que cazarlos!
TAL VEZ. EN CUALQUIER CASO, SON ANIMALES QUE TOLERAN BASTANTE BIEN EL CAUTIVERIO Y LA PROXIMIDAD DE LOS HUMANOS.
DESPUÉS DOMESTICARON ANIMALES MÁS PELIGROSOS, COMO LOS **UROS** Y LOS **JABALÍES**.
CON CADA GENERACIÓN, LOS CRIADORES SELECCIONAN A LOS MÁS DÓCILES Y ¡PRONTO TIENEN **VACAS** Y **CERDOS**!
Es un proceso de selección, como en la evolución.
EN SUDAMÉRICA, LOS HUMANOS DOMESTICAN **LLAMAS** Y **COBAYAS**.
Y en China, **búfalos de agua** y **gallos**.

LA REVOLUCIÓN INDUSTRIAL

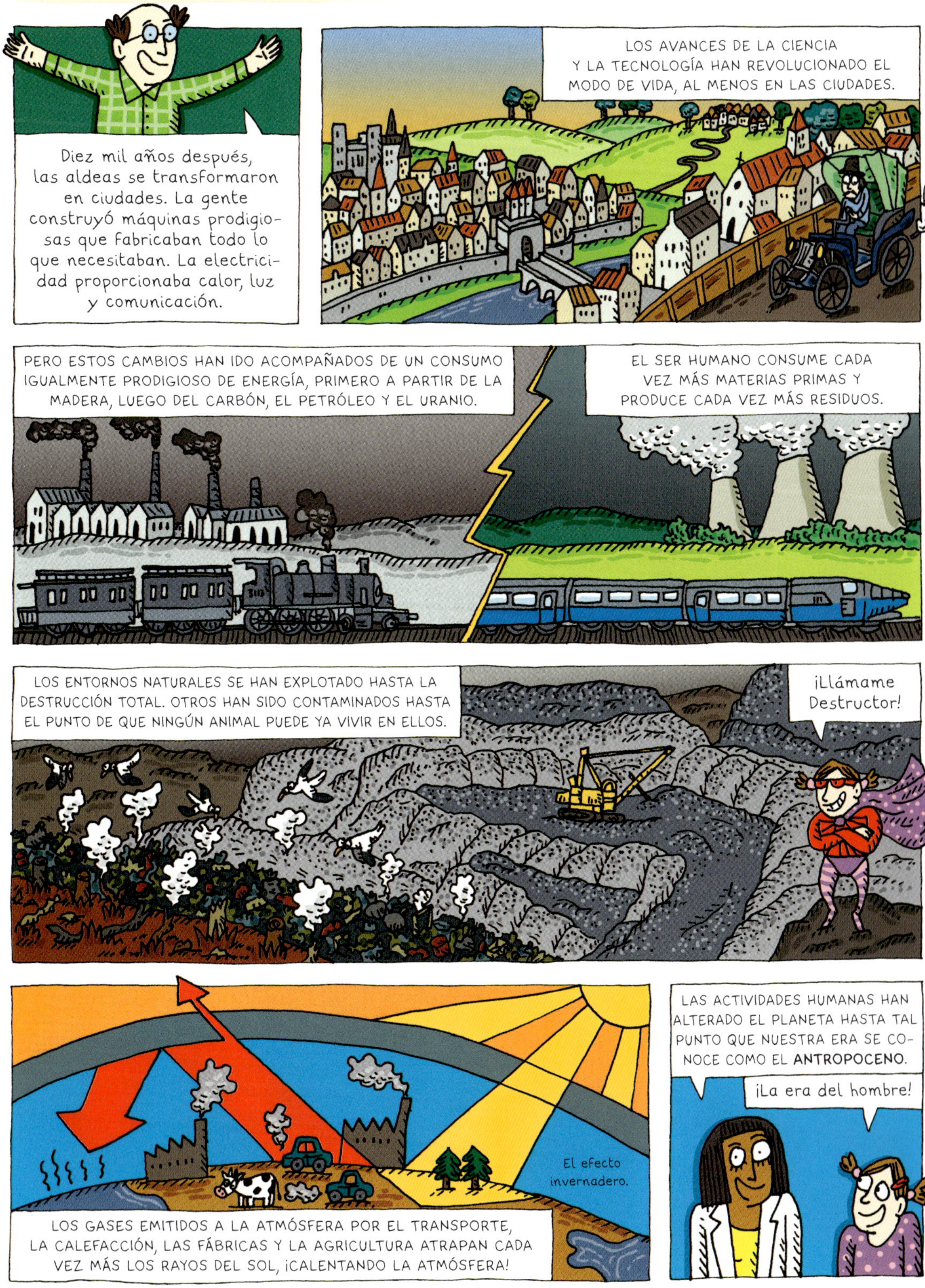

Por desgracia, la convivencia entre humanos y animales no siempre ha sido perfecta.
¡INCLUSO SE PODRÍA DECIR QUE HA SIDO DESASTROSA! MUCHAS ESPECIES SIMPLEMENTE HAN SIDO ELIMINADAS.
Dodo (siglo XVII)
Tortuga de Rodríguez (siglo XIX)
Thylacine (1936)
¡Y AÚN NO HA TERMINADO! EL **BAIJI** PARECE HABERSE EXTINGUIDO. NO SE HA VISTO A ESTE DELFÍN CHINO DE AGUA DULCE DESDE 2004.
¿Cómo ha sido?
NO SE SABE CON EXACTITUD. PROBABLEMENTE DEBIDO A LA CONTAMINACIÓN DE LOS RÍOS Y A LA DESTRUCCIÓN DE LAS ZONAS DONDE SOLÍA VIVIR.
NO SOLO HAY ANIMALES GRANDES. LA **TIJERETA** DE LA ISLA SANTA ELENA SE DECLARÓ EXTINTA EN 2014
OTRAS ESPECIES ESTÁN GRAVEMENTE AMENAZADAS. LOS **ELEFANTES** AFRICANOS SON CAZADOS POR FURTIVOS QUE QUIEREN VENDER SUS COLMILLOS DE MARFIL.
LOS **RINOCERONTES** SE MATAN POR SUS CUERNOS, A LOS QUE SE ATRIBUYEN PROPIEDADES MEDICINALES.
En realidad, ¡no más que nuestras uñas!
CADA AÑO DESAPARECEN ENTRE 100 Y 1.000 VECES MÁS ESPECIES QUE ANTES DE LA ERA INDUSTRIAL.
¡ESTE SERÍA EL SEXTO PERIODO DE EXTINCIÓN MASIVA EN LA HISTORIA DE LA TIERRA!
La quinta fue la extinción de los dinosaurios.
Cuando una especie desaparece, lo hace para siempre. Nunca reaparecerá.

¡No todo está perdido! ¡Nuevos y desconocidos seres vivos pueden estar apareciendo en el fondo de los océanos o en aguas termales volcánicas!
ES IMPOSIBLE. CUANDO APARECIÓ LA VIDA, LA ATMÓSFERA NO CONTENÍA OXÍGENO. ESTE GAS ES ESENCIAL PARA NOSOTROS, PERO DESTRUIRÍA INMEDIATAMENTE ESTAS NUEVAS FORMAS DE VIDA.
PERO LA **EVOLUCIÓN** CONTINUARÁ. NO LA VEMOS PORQUE ES UN FENÓMENO MUY LENTO.
¿Aparecerán tigres voladores?
¿O delfines inteligentes como nosotros?
PODEMOS IMAGINAR CUALQUIER COSA, PERO NO PODEMOS PREDECIR NADA.
¿Vamos a evolucionar nosotros también?
SIN DUDA, ¡PERO NO LO VEREMOS HASTA DENTRO DE DECENAS O CIENTOS DE MILES DE AÑOS!
Y SEGURAMENTE RESULTARÁ EN ALGO DIFERENTE A LO QUE IMAGINAMOS HOY.

A menudo sueño con los habitantes de la Luna.
NADIE PUEDE VIVIR EN LA LUNA PORQUE NO TIENE ATMÓSFERA.
¡Pues en Marte! ¡Sueño también con los marcianos!
LA VIDA TAL Y COMO LA CONOCEMOS NECESITA AGUA. YA NO LA HAY EN MARTE, PERO LA VIDA PUDO HABER APARECIDO ALLÍ EN EL PASADO, CUANDO LOS RÍOS FLUÍAN EN ESTE PLANETA.
EN EL RESTO DEL UNIVERSO, TODO ES POSIBLE. NUESTRA GALAXIA CONTIENE MÁS DE 200.000 MILLONES DE ESTRELLAS. CADA UNA DE ELLAS ES UN SOL RODEADO DE VARIOS PLANETAS.
SI ESTOS PLANETAS ESTÁN A LA DISTANCIA JUSTA DE SU SOL, NI DEMASIADO CALIENTES NI DEMASIADO FRÍOS, PODRÍA HABER AGUA LÍQUIDA, COMO EN LA TIERRA.
¿Y si la vida en otros lugares fuera completamente diferente? ¿Electromagnética o gaseosa?
¿POR QUÉ NO? PERO LA VIDA IMPLICA REPRODUCCIÓN Y TRANSFORMACIÓN. LOS SERES VIVOS DEBEN EVOLUCIONAR, DE LO CONTRARIO SON COMO UN ARROYO O UN VOLCÁN, QUE SE MUEVEN PERO NO ESTÁN VIVOS.
¡Así que tal vez haya extraterrestres ahí arriba!
SÍ, PERO NO HAY RAZÓN PARA QUE SE PAREZCAN A NOSOTROS. DADA LA DIVERSIDAD DE LA VIDA EN LA TIERRA, ¡ES INCLUSO PROBABLE QUE SEAN COMPLETAMENTE DIFERENTES DE LO QUE PODEMOS IMAGINAR!

ESCALA de tiempo geológico

			0
	Era Cuaternaria	Holoceno	
			-10 000 años
		Pleistoceno	
			-2,6 millones de años
		Plioceno	
			-5 Ma
CENOZOICO	Era Terciaria	Mioceno	
			-23 Ma
		Oligoceno	
			-34 Ma
		Eoceno	
			-56 Ma
		Paleoceno	
			-66 Ma
		Cretácico	
			-145 Ma
MESOZOICO	Era Secundaria	Jurásico	

- 201 Ma

Triásico

- 252 Ma

Pérmico

- 299 Ma

Carbonífero

- 359 Ma

PALEOZOICO

Era Primaria

Devónico

- 419 Ma

Silúrico

- 444 Ma

Ordovícico

- 485 Ma

Cámbrico

- 541 Ma

PRECÁMBRICO

Proterozoico

- 2500 Ma

Arcaico

- 4000 Ma

Hádico

- 4600 Ma

GLOSARIO

ADAPTACIÓN
Transformación de una especie en el curso de la evolución ligado a un cambio de su entorno. La adaptación conduce a una mejor supervivencia o a una reproducción más eficaz.

AMNIOTES
Vertebrados cuyos embriones se desarrollan en un saco (la bolsa amniótica), dentro de un óvulo o en su útero. Entre ellos se incluyen todos los reptiles, aves y los mamíferos.

ANFIBIO
Dicho de un animal capaz de vivir en tierra y en el agua: ranas, hipopótamos, etc.

APARICIÓN (DE UNA ESPECIE)
Aparición de una nueva especie por la evolución, y por tanto transformación, de una especie ya existente. Según el caso, la especie puede desaparecer o permanecer.

ARBORESCENTE
Con forma de árbol.

ARTICULADO
Formado por elementos rígidos que están conectados y se mueven entre sí.

ARTRÓPODOS
Grupo zoológico de animales con esqueleto externo y patas articuladas: insectos, arañas, crustáceos, milpiés, etc.

BACTERIA
Microorganismo formado por una sola célula, diferente de las células animales y que generalmente mide menos de unos micrones (milésimas de milímetro).

BIODIVERSIDAD
Diversidad de organismos vivos, a menudo medida por el número de especies presentes en el medio estudiado.

BÍPEDO
Criatura que suele desplazarse erguida sobre sus dos patas traseras.

BRANQUIAS
Órganos respiratorios de muchos animales acuáticos, como peces y crustáceos.

CARBONO
Elemento químico que se encuentra en el aire y en algunas rocas. También es un constituyente esencial de organismos vivos como microbios, plantas y animales.

CARNÍVORO
Animal que se alimenta de la carne de otros animales.

CARNOSO
Compuesto de músculos.

CARROÑERO
Animal que se alimenta de cadáveres de animales que no ha matado él mismo.

CÉLULA
Unidad básica de los organismos vivos, todos ellos formados por una sola célula o un grupo de células. Los animales unicelulares son microscópicos

CLOROFILA
Pigmento verde presente en la mayoría de las plantas. Capta la energía del sol para producir materia vegetal a partir del carbono del aire.

COEVOLUCIÓN
Evolución paralela de dos especies o grupos de seres vivos emparentados. Ejemplos: las flores y los insectos polinizadores o los animales y sus parásitos.

COLONIA
Grupo de animales o microorganismos de la misma especie que viven en el mismo lugar. En algunos casos, como las bacterias o los corales, los individuos de una colonia aparecen por gemación y son todos idénticos.

COLONIZACIÓN
Invasión progresiva de un medio natural por una especie o un grupo de especies.

COMPETENCIA (= COMPETENCIÓN)
Rivalidad entre dos seres vivos que buscan los mismos recursos, como alimento o refugio.

CORTEJO
Serie de movimientos o cantos que realiza un animal para encontrar pareja.

CUADRÚPEDO
Animal que suele desplazarse a cuatro patas.

DESAPARICIÓN
Véase *Extinción*.

DIVERGIR
Diferenciarse entre sí, en el caso de dos especies procedentes de la misma especie ancestral.

EMBRIÓN
Animal al comienzo de su desarrollo en el huevo o en el útero de su madre, hasta que se han formado los órganos principales.

ENVERGADURA
Distancia entre las puntas de las alas desplegadas de un animal volador.

ESPECIE

Grupo de seres vivos capaces de reproducirse entre sí o a partir de ellos, por ejemplo el Tyrannosaurus rex o el Homo sapiens (el ser humano).

EVOLUCIÓN

Transformaciones de una especie animal o vegetal a lo largo del tiempo. En sentido amplio, la evolución es también la historia de la vida desde su aparición en la Tierra.

EXTINCIÓN

Desaparición de una especie o grupo de especies. Una especie se extingue cuando todos sus individuos han muerto.

FAUNA SILVESTRE

Conjunto de animales que viven al mismo tiempo o en la misma región.

FÓSIL

Restos de una planta o animal conservados tras su muerte y mineralizados lentamente, transformados en piedra.

FOTOSÍNTESIS

Producción de azúcar por las plantas con clorofila, en presencia de la luz solar.

GLACIACIÓN

Periodo de la historia de la Tierra caracterizado por un enfriamiento global del clima y el desarrollo de capas de hielo.

HERBÍVORO

Alimentación a base de plantas (no solo hierba, sino también hojas y raíces).

LARVA

Animal joven de aspecto muy diferente al de un adulto. Durante su desarrollo, sufre una o varias metamorfosis (transformaciones).

MAGMA

Conjunto de rocas a muy alta temperatura, líquidas o pastosas, situadas a gran profundidad bajo la corteza terrestre.

METEORITO

Masa rocosa o metálica que cae a la Tierra desde el espacio.

MICROORGANISMO

Ser vivo muy pequeño, visible al microscopio (=microbio).

MOLÉCULA

Elemento de una sustancia química. Por ejemplo, una molécula de dióxido de carbono o una molécula de azúcar.

ORGANISMO

Ser vivo o cuerpo de un ser vivo.

PANGEA

Al principio de la era secundaria, continente único formado por la agrupación de todos los continentes.

PEDUNCULADO

Transportado por un pequeño pedúnculo.

PLANCTON

Todos los organismos vivos que viven suspendidos en el agua, en el mar o en el agua dulce.

POBLACIÓN

Conjunto de individuos de una especie que viven en una misma región.

POLEN

Elemento reproductor masculino de la planta, equivalente al espermatozoide en los animales.

PREDADOR

Animal que caza a otros animales para alimentarse.

PRESA

Animal que un carnívoro captura para devorarlo.

VIBRISA

Pelo grande y sensorial, por ejemplo en el «bigote» de un gato.

Í N D I C E

S U M A R I O